大美至简

梁思成眼中的古建之美

梁思成 著

中国画报出版社·北京

图书在版编目（CIP）数据

大美至简：梁思成眼中的古建之美 / 梁思成著.
北京：中国画报出版社，2025.7. --（美学大师）.
ISBN 978-7-5146-2367-3

Ⅰ . TU-80
中国国家版本馆CIP数据核字第2025QV8170号

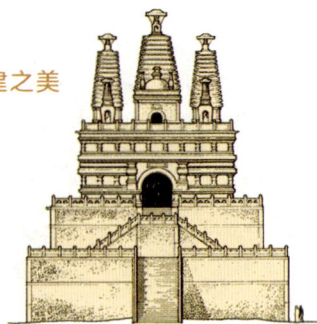

大美至简：梁思成眼中的古建之美

梁思成　著

出 版 人：方允仲
策　　划：许晓善
责任编辑：程新蕾　许晓善
内文排版：郭廷欢
责任印制：焦　洋

出版发行：中国画报出版社
地　　址：中国北京市海淀区车公庄西路33号　邮编：100048
发 行 部：010-88417418　010-68414683（传真）
总编室兼传真：010-88417359　版权部：010-88417359

开　　本：32开（880mm×1230mm）
印　　张：8.5
字　　数：160千字
版　　次：2025年7月第1版　2025年7月第1次印刷
印　　刷：三河市金兆印刷装订有限公司
书　　号：ISBN 978-7-5146-2367-3
定　　价：59.80元

目录

大美至简：中国古建的岁月流逝

002 千篇一律与千变万化

008 从"燕用"——不祥的谶语说起

013 我国伟大的建筑传统与遗产

031 闲话文物建筑的重修与维护

045 关于北京城墙存废问题的讨论

至拙至美：中国古建的特征之美

056 中国建筑的特征

068 古建序论

——在考古工作人员训练班讲演记录

097 汉代建筑特征之分析
103 南北朝建筑特征之分析
110 隋、唐之建筑特征
121 宋、辽、金建筑特征之分析
140 元、明、清建筑特征之分析

若繁若素：中国佛教、壁画中的古建

160 敦煌壁画中所见的中国古代建筑
213 中国的佛教建筑

大美至简：中国古建的岁月流逝

千篇一律与千变万化[1]

在艺术创作中,往往有一个重复和变化的问题:只有重复而无变化,作品就必然单调枯燥;只有变化而无重复,就容易陷于散漫零乱。在有"持续性"的作品中,这一问题特别重要。我所谓"持续性",有些是时间的持续,有些是空间转移的持续,但是由于作品或者观赏者由一个空间逐步转入另一空间,所以同时也具有时间的持续性,成为时间、空间的综合的持续。

音乐就是一种时间持续的艺术创作。我们往往可以听到在一首歌曲或者乐曲从头到尾持续的过程中,总有一些重复的乐句、乐段——或者完全相同,或者略有变化。作者通过这些重复而取得整首乐曲的统一性。

音乐中的主题和变奏也是在时间持续的过程中,通过重复和变化而取得统一的另一例子。在舒伯特的《鳟鱼》五重

---

[1] 原载1962年5月20日《人民日报》。

奏中，我们可以听到持续贯串全曲的、极其朴素明朗的"鳟鱼"主题和它的层出不穷的变奏。但是这些变奏又"万变不离其宗"——主题。水波涓涓的伴奏也不断地重复着，使你形象地看到几条鳟鱼在这片伴奏的"水"里悠然自得地游来游去嬉戏，从而使你"知鱼之乐"焉。

舞台上的艺术大多是时间与空间的综合持续。几乎所有的舞蹈都要将同一动作重复若干次，并且往往将动作的重复和音乐的重复结合起来，但在重复之中又给以相应的变化；通过这种重复与变化以突出某一种效果，表达出某一种思想感情。

在绘画的艺术处理上，有时也可以看到这一点。

宋朝画家张择端的《清明上河图》是我们熟悉的名画。它的手卷的形式赋予它以空间、时间都很长的"持续性"。画家利用树木、船只、房屋，特别是那无尽的瓦垄的一些共同特征，重复排列，以取得几条街道（亦即画面）的统一性。当然，在重复之中同时还闪烁着无穷的变化。不同阶段的重点也螺旋式地变换着在画面上的位置，步步引人入胜。画家在你还未意识到以前，就已经成功地以各式各样的重复把你的感受的方向控制住了。

宋朝名画家李公麟在他的《放牧图》中对于重复性的运用就更加突出了。整幅手卷就是无数匹马的重复，就是一首乐曲，用"骑"和"马"分成几个"主题"和"变奏"的"乐章"。表示原野上低伏缓和的山坡的寥寥几笔线条和疏疏落落的几棵孤单的树就是它的"伴奏"。这种"伴奏"（背景）与主题间简繁的强烈对比也是画家惨淡经营的匠心所在。

上面所谈的那种重复与变化的统一在建筑物形象的艺术效果上起着极其重要的作用。古今中外的无数建筑，除去极少数例外，几乎都以重复运用各种构件或其他构成部分作为取得艺术效果的重要手段之一。

就举首都人民大会堂为例。它的艺术效果中一个最突出的因素就是那几十根柱子。虽然在不同的部位上，这一列和另一列柱子在高低大小上略有不同，但每一根柱子都是另一根柱子的完全相同的简单重复。至于其他门、窗、檐、额等，也都是一个个依样葫芦。这种重复却是给予这座建筑以其统一性和雄伟气概的一个重要因素，是它的形象上最突出的特征之一。

历史上最突出的一个例子是北京的明清故宫。从（已被拆除了的）中华门（大明门、大清门）开始就以一间接着一间，重复了又重复的千步廊一口气排列到天安门。从天安门到端门、午门又是一间间重复着的"千篇一律"的朝房。再进去，太和门和太和殿、中和殿、保和殿成为一组的"前三殿"与乾清门和乾清宫、交泰殿、坤宁宫成为一组的"后三殿"的大同小异的重复，就更像乐曲中的主题和"变奏"；每一座的本身也是许多构件和构成部分（乐句、乐段）的重复；而东西两侧的廊、庑、楼、门，又是比较低微的，以重复为主但亦有相当变化的"伴奏"。然而整个故宫，它的每一个组群，每一个殿、阁、廊、门,却全部都是按照明清两朝工部的"工程做法"的统一规格、统一形式建造的,连彩画、雕饰也尽如此,都是无尽的重复。我们完全可以说它们"千篇一律"。

但是,谁能不感到,从天安门一步步走进去,就如同置身于一幅大"手卷"里漫步;在时间持续的同时,空间也连续着"流动"。那些殿堂、楼门、廊庑虽然制作方法千篇一律,然而每走几步,前瞻后顾,左睇右盼,那整个景色的轮廓、光影,却都在不断地改变着,一个接着一个新的画面出现在周围,千变万化。空间与时间、重复与变化的辩证统一在北京故宫中达到了最高的成就。

颐和园里的谐趣园,绕池环览整整三百六十度周圈,也可以看到这点。

至于颐和园的长廊,可谓千篇一律之尤者也。然而正是那目之所及的无尽的重复,才给游人以那种只有它才能给予的特殊感受。大胆来个荒谬绝伦的设想:那八百米长廊的几百根柱子,几百根梁枋,一根方,一根圆,一根八角,一根六角……一根肥,一根瘦,一根曲,一根直……一根木,一根石,一根铜,一根钢筋混凝土……一根红,一根绿,一根黄,一根蓝……一根素净无饰,一根高浮盘龙,一根浅雕卷草,一根彩绘团花……这样"千变万化"地排列过去,那长廊将成何景象!

有人会问:那么走到长廊以前,乐寿堂临湖回廊墙上的花窗不是各具一格,千变万化的吗?是的。就回廊整体来说,这正是一个"大同小异",大统一中的小变化的问题。既得花窗"小异"之谐趣,又无伤回廊"大同"之统一。且先以这样花窗的小小变化,作为廊柱无尽重复的"前奏",也是一种"欲扬先抑"的手法。

翻开一部世界建筑史,凡是较优秀的个体建筑或者组群,一条街道或者一个广场,往往都以建筑物形象重复与变化的统一而取胜。说是千篇一律,却又千变万化。每一条街都是一轴"手卷"、一首"乐曲"。千篇一律和千变万化的统一在城市面貌上起着重要作用。

◎ 图一 千变万化——颐和园长廊狂想曲

十二年来，我们规划设计人员在全国各城市的建筑中，在这一点上做得还不能尽满人意。为了多快好省，我们做了大量标准设计，但是"好"中既也包括艺术的一面，就也"百花齐放"。我们有些住宅区的标准设计"千篇一律"到孩子哭着找不到家；有些街道又一幢房子一个样式、一个风格，互不和谐，即使它们本身各自都很美观，放在一起就都"损人"且不"利己"，"千变万化"到令人眼花缭乱。我们既要百花齐放，丰富多彩，又要避免杂乱无章，相互减色；既要和谐统一，全局完整，又要避免千篇一律，单调枯燥。这恼人的矛盾是建筑师们应该认真琢磨的问题。今天先把问题提出，下次再看看我国古代匠师，在当时条件下，是怎样统一这矛盾而取得故宫、颐和园那样的艺术效果的（图一）。

从"燕用"——不祥的谶语说起[1]

传说宋朝汴梁有一位巧匠,汴梁宫苑中的屏扆(yī)、窗牖(yǒu),凡是他制作的,都刻上自己的姓名——燕用。后来金人破汴京,把这些门、窗、隔扇、屏风等搬到燕京(今北京),用于新建的宫殿中,因此后人说:"用之于燕,名已先兆。"匠师在自己的作品上签名,竟成了不祥的谶(chèn)语!

其实"燕用"的何止一些门、窗、隔扇、屏风?据说宋徽宗赵佶"竭天下之富"营建汴梁宫苑,金人陷汴京,就把那一座座宫殿"输来燕幽"。金燕京(后改称中都)的宫殿,有一部分很可能是由汴梁搬来的。否则那些屏扆、窗牖,也难"用之于燕"。

原来,中国传统的木结构是可以"搬家"的。今天在北京陶然亭公园,湖岸山坡上挺秀别致的叠韵楼是前几年我们从中南海搬去的。兴建三门峡水库的时候,我们也把水库淹没

1　原载1962年7月8日《人民日报》。

区内元朝建造的道观——永乐宫组群由山西芮城县永乐镇搬到四五十里外的龙泉村附近。

为什么千百年来,我们可以随意把一座座殿堂楼阁搬来搬去呢?用今天的术语来解释,就是因为中国的传统木结构采用的是一种"标准设计,预制构件,装配式施工"的"框架结构",只要把那些装配起来的标准预制构件——柱、梁、枋、檩、门、窗、隔扇等等拆卸开来,搬到另一个地方,重新再装配起来,房屋就"搬家"了。

从前盖新房子,在所谓"上梁"的时候,往往可以看到双柱上贴着红纸对联:"立柱适逢黄道日,上梁正遇紫微星。"这副对联正概括了我国世世代代匠师和人民对于房屋结构的基本概念。它说明:由于我国传统的结构方法是一种我们今天所称"框架结构"的方法——先用柱、梁搭成框架;在那些横梁直柱所形成的框框里,可以在需要的位置上,灵活地或者砌墙,或者开门开窗,或者安装隔扇,或者空敞着;上层楼板或者屋顶的重量,全部由框架的梁和柱负荷。可见柱、梁就是房屋的骨架,立柱上梁就成为整座房屋施工过程中极其重要的环节,所以需要挑一个"黄道吉日",需要"正遇紫微星"的良辰。

从殷墟遗址看起,一直到历代无数的铜器和漆器的装饰图案、墓室、画像石、明器、雕刻、绘画和建筑实例,我们可以得出结论:这种框架结构的方法,在我国至少已有三千多年的历史了。

在漫长的发展过程中，世世代代的匠师衣钵相承，积累了极其丰富的经验。到了汉朝，这种结构方法已臻成熟；在全国范围内，不但已经形成了一个高度系统化的结构体系，而且在解决结构问题的同时，也用同样高度系统化的体系解决了艺术处理的问题。由于这种结构方法内在的可能性，匠师们很自然地就把设计、施工方法向标准化的方向推进，从而使得预制和装配有了可能。

至迟从唐代开始，历代的封建王朝，为了统一营建的等级制度，保证工程质量，便利工料计算，同时还为了保证建筑物的艺术效果，在这一结构体系下，都各自制订一套套的"法式""做法"之类。到今天，在我国浩如烟海的古籍遗产中，还可以看到两部全面阐述建筑设计、结构、施工的高度系统化的术书——北宋末年的《营造法式》和清雍正年间的《工部工程做法则例》。此外，各地还有许多地方性的《鲁班经》《木经》之类。它们都是我们珍贵的遗产。

《营造法式》是北宋官家管理营建的"规范"。今天的流传本是"将作少监"李诫"奉敕（chì）"重新编修的，于哲宗元符三年（1100年）成书。全书三十四卷，内容包括"总释"、各"作"（共十三种工种）的"制度"、"功限"（劳动定额）、"料例"和"图样"。在序言和"劄子"里，李诫说这书是"考阅旧章，稽参众智"，又"考究经史群书，并勒人匠逐一讲说"而编修成功的。在八百六十多年前，李诫等不但能总结了过去的"旧章"和"经史群书"的经验,而且能够"稽参"了文人和工匠的"众智",编写出这样一部具有相当高度系统性、科学性和实用性的技术书,的确是空前的。

从这部《营造法式》中,我们看到它除了能够比较全面综合地考虑到各作制度、料例、功限问题外,联系到上次《随笔》中谈到的重复与变化的问题,我们注意到它还同时极其巧妙地解决了装配式标准化预制构件中的艺术性问题。

《营造法式》中一切木结构的"制度""皆以材为祖。材有八等,度屋之大小,因而用之"。这"材"既是一种标准构材,同时各等材的断面的广(高度)厚(宽度)以及以材厚的十分之一定出来的"分"又都是最基本的模数。"凡屋宇之高深,名物(构件)之短长,(屋顶的)曲直举折之势,规矩绳墨之宜,皆以所用材之分,以为制度焉。"从"制度"和宋代实例中看到,大至于整座建筑的平面、断面、立面的大比例、大尺寸,小至于一件件构件的艺术处理、曲线"卷杀"[1],都是以材分的相对比例而不是以绝对尺寸设计的。这就在很大程度上统一了宋代建筑在艺术形象上的独特风格的高度共同性。当然也应指出,有些构件,由于它们本身的特殊性质,是用实际尺寸规定的。这样,结构、施工和艺术的许多问题就都天衣无缝地统一解决了。同时我们也应注意到,"制度"中某些条文下也常有"随

---

1 卷杀是一种建筑用语,中国古人在做建筑时,将构件或部位的端部做成缓和的曲线或折线,使构件或部位的外观丰满柔和。

宜加减"的词句。在严格"制度"下,还是允许匠师们按情况的需要,发挥一定的独创的自由。

清《工部工程做法则例》也是同类型的"规范",于雍正十二年(1734年)颁布。全书七十四卷,主要部分开列了二十七座不同类型的具体建筑物和十一等大小斗栱的具体尺寸,以及其他各作"做法"和工料估算法,不像"法式"那样用原则和公式的体裁。许多艺术加工部分并未说明,只凭匠师师徒传授。北京的故宫、天坛、三海、颐和园、圆明园(1860年毁于英法侵略联军)……等宏伟瑰丽的组群,就都是按照这"千篇一律"的"做法"而取得其"千变万化"的艺术效果的。

今天,我们为了多快好省地建设社会主义,设计标准化、构件预制工厂化、施工装配化是我们的方向。我们在"适用"方面的要求越来越高,越多样化、专门化;无数的新材料、新设备在等待着我们使用;因而就要求更新、更经济的设计、结构和施工技术;同时还必须"在可能条件下注意美观"。我们在"三化"中所面临的问题比古人的复杂、繁难何止百十倍!我们应该怎样做?这正是我们需要研究的问题。

我国伟大的建筑传统与遗产[1]

世界上最古老、最长寿、最有新生力的建筑体系

历史上每一个民族的文化都产生了它自己的建筑，随着这文化而兴盛衰亡。世界上现存的文化中，除去我们的邻邦印度的文化可算是约略同时诞生的弟兄外，中华民族的文化是最古老、最长寿的。我们的建筑也同样是最古老、最长寿的体系。在历史上，其他与中华文化约略同时，或先或后形成的文化，如埃及、巴比伦，稍后一点的古波斯、古希腊，及更晚的古罗马，都已成为历史陈迹。而我们的中华文化则血脉相承，蓬勃地滋长发展，四千余年，一气呵成。到了今天，我们所承继的是一份极丰富的遗产，而我们的新生力量正在发育兴盛。我们在这文化建设高潮的前夕，好好再认识一下这伟大光辉的建筑

---

[1] 原连载于《人民日报》1951年2月19—20日。

传统是必要的。

我们自古以来就不断的建造，起初是为了解决我们的住宿、工作、休息与行路所需要的空间，解决风雨寒暑对我们的压迫；便利我们日常生活和生产劳动。但在有了高度文化的时代，建筑便担任了精神上、物质上更多方面的任务。我们祖国的人民是在我们自己所创造出来的建筑环境里生长起来的。我们会意识的或潜意识的爱我们建筑的传统型类以及它们和我们数千年来生活相结合的社会意义，如我们的街市、民居、村镇、院落、市楼、桥梁、庙宇、寺塔、城垣、钟楼等等都是。我们也会意识的或直觉的爱我们的建筑客观上的造型艺术价值，如它们的壮丽或它们的朴实，它们的工艺与大胆的结构，或它们的亲切部署与简单的秩序。它们是我们民族经过代代相承，在劳动的实践中和实际使用相结合而成熟，而提高的传统。它是一个伟大民族的工匠和人民在生活实践中集体的创造。

因此，我们家乡的一角城楼，几处院落，一座牌坊，一条街市，一列店铺，以及我们近郊的桥，山前的塔，村中的古坟石碑，村里的短墙与三五茅屋，对于我们都是那么可爱，那么有意义的。它们都曾丰富过我们的生活和思想，成为与我们不可分离的情感的内容。

我们中华民族的人民从古以来就不断地热爱着我们的建筑。历代的文章诗赋和歌谣小说里都不断有精彩的叙述与描写，表示建筑的美丽或它同我们生活的密切。有许多不朽的文学作品更是特地为了颂扬或纪念我们建筑的伟大而作的。

最近在"解放了的中国"的镜头中,就有许多令人肃然起敬,令人骄傲,令人看着就愉快的建筑,那样光辉灿烂的同我国伟大的天然环境结合在一起,代表着我们的历史,我们的艺术,我们祖国光荣的文化。我们热爱我们的祖国,我们就不可能不被它们所激动,所启发,所鼓励。

但我们光是盲目地爱我们的文化传统与遗产,还是不够的。我们还要进一步的认识它。我们的许多伟大的匠工在被压迫的时代里,名字已不被人记着,结构工程也不详于文字记载。我们现在必须搞清楚我们建筑在工程和艺术方面的成就,它的发展,它的优点与成功的原因,来丰富我们对祖国文化的认识。我们更要懂得怎样去重视和爱护我们建筑的优良传统,以促进我们今后承继中国血统的新创造。

我们祖先的穴居

我们伟大的祖先在中华文化初放曙光的时代是"穴居"的。他们利用地形和土质的隔热性能,开出洞穴作为居住的地方。这方法,就在后来文化进步过程中也没有完全舍弃,而且不断地加以改进。从考古家所发现的周口店山洞,安阳的袋形穴,……到今天华北、西北都还普遍的窑洞,都是进步到不同水平的穴居的实例。砖筑的窑洞已是很成熟的建筑工程。

我们的祖先创造了骨架结构法——一个伟大的传统

在地形、地质和气候都比较不适宜于穴居的地方，我们智慧的祖先很早就利用天然材料——主要的是木料，土与石——稍微加工制作，构成了最早的房屋。这种结构的基本原则，至迟在公元前一千四五百年间大概就形成了的，一直到今天还沿用着。《诗经》《易经》都同样提到这样的屋子，它们起了遮蔽风雨的作用。古文字流露出前人对于屋顶像鸟翼开展的形状特别表示满意，以"作庙翼翼"，"如鸟斯革，如翚斯飞"等句子来形容屋顶的美。一直到后来的"飞甍""飞檐"的说法也都指示着瓦部"翼翼"的印象，使我们有"瞻栋宇而兴慕"之概。其次，早期文字里提到的很多都是木构部分，大部都是为了承托梁栋和屋顶的结构。

这个骨架结构大致说来就是：先在地上筑土为台；台上安石础，立木柱；柱上安置梁架，梁架和梁架之间以枋将它们牵联，上面架檩，檩上安椽，作成一个骨架，如动物之有骨架一样，以承托上面的重量。在这构架之上，主要的重量是屋顶与瓦檐，有时也加增上层的楼板和栏杆。柱与柱之间则依照实际的需要，安装门窗。屋上部的重量完全由骨架担负，墙壁只作间隔之用。这样使门窗绝对自由，大小有无，都可以灵活处理。所以同样的立这样一个骨架，可以使它四面开敞，做成凉亭之类，也可以垒砌墙壁作为掩蔽周密的仓库之类。而寻常房屋厅堂的门窗墙壁及内部的间隔等，则都可以按其特殊需要而定。

从安阳发掘出来的殷墟坟宫遗址，一直到今天的天安门、太和殿，以及千千万万的庙宇民居农舍，基本上都是用这种骨架结构方法的。因为这样的结构方法能灵活适应于各种用途，所以南至越南，北至黑龙江，西至新疆，东至朝鲜、日本，凡是中华文化所及的地区，在极端不同的气候之下，这种建筑系统都能满足每个地方人民的各种不同的需要。这骨架结构的方法实为中国将来的采用钢架或钢筋混凝土的建筑具备了适当的基础和有利条件。我们知道，欧洲古典系统的建筑是采取垒石制度的。墙的安全限制了窗的面积，窗的宽大会削弱了负重墙的坚固。到了应用钢架和钢筋混凝土时，这个基本矛盾才告统一，开窗的困难才彻底克服了。我们建筑上历来窗的部分与位置同近代所需要的相同，就是因为骨架结构早就有了灵活的条件。

中国建筑制定了自己特有的"文法"

一个民族或文化体系的建筑，如同语言一样，是有它自己的特殊的"文法"与"语汇"的。它们一旦形成，则成为被大家所接受遵守的方法的纲领。在语言中如此，在建筑中也如此。中国建筑的"文法"和"语汇"据不成熟的研究，是经由这样酝酿发展而形成的。

我们的祖先在选择了木料之后逐渐了解木料的特长，创始了骨架结构初步方法——中国系统的"梁架"。在这以后，经验使他们也发现了木料性能上的弱点。那就是当水平的梁枋将重量转移到垂直的立柱时，在交接的地方会发生极强的剪力，那里梁就容易折断。于是他们就使用一种缓冲的结构来纠正这种可以避免的危险。他们用许多斗形木块的"斗"和臂形的短木"栱"，在柱头上重□[1]而上，愈上一层的栱就愈长，将上面梁枋托住，把它们重量一层层递减的集中到柱头上来。这个梁柱间过渡部分的结构减少了剪力，消除了梁折断的危机。这种斗和栱组合而成的组合物，近代叫做"斗栱"。见于古文字中的，如栌，如欒，等等，我们虽不能完全指出它们是斗栱初期的哪一型类，但由描写的专词与句子，和古铜器上图画看来，这种结构组合的方法早就大体成立。所以说是一种"文法"。而斗、栱、梁、枋、椽、檩、楹柱、棂窗等，也就是我们主要的"语汇"了。

至迟在春秋时代，斗栱已很普遍地应用，它不惟可以承托梁枋，而且可以承托出檐，可以增加檐向外挑出的宽度。《孟

---

[1] 原文此处缺一字。

子》里就有"榱题数尺"之句,意思说檐头出去之远。这种结构同时也成为梁间檐下极美的装饰,由于古文不断的将它描写看来,也是没有问题的。唐以前宝物,以汉代石阙,与崖墓上石刻的木构部分为最可靠的研究资料。唐时木建还有保存到今天的,但主要的还要借图画上的形象。可能在唐以前,斗栱本身各部已有标准化的比例尺度,但要到宋代,我们才确实知道斗栱结构各种标准的规定。全座建筑物中无数构成材料的比例尺度就都以一个栱的宽度作度量单位,以它的倍数或分数来计算的。宋时且把每一构材的做法,把天然材料修整加工到什么程度的曲线,榫卯如何衔接等都规格化了,形成类似文法的规矩。至于在实物上运用起来,却是千变万化,少见有两个相同的结构。惊心动魄的例子,如蓟县独乐寺观音阁三层大阁,和高二十丈的应州木塔的结构,都是近于一千年的木构,当在下文建筑遗物中叙述。

在这"文法"中各种"语汇"因时代而改变,"文法"亦略更动了,因而决定了各时代的特征。但在基本上,中国建筑同中国语言文字一样,是血脉相承,赓续演变,反映各种影响及所汲取养料,从没有中断过的。

内部斗栱梁架和檐柱上部斗栱组织是中国建筑工程的精华。由观察分析它们的作用和变化,才真真认识我们祖先在掌握材料的性能,结构的功能上有多么伟大的成绩。至于建造简单的民居,劳动人民多会立柱上梁;技术由于规格化的简便更为普遍。梁架和斗栱都是中国建筑所独具的特征，在工匠的术书中将这部分称它做"大木作做法"。

中国建筑的"文法"中还包括着关于砖石、墙壁、门窗、油饰、屋瓦等方面。称做"石作做法""小木作做法""彩画作做法"和"瓦作做法"等。屋顶属于"瓦作做法"，它是中国建筑中最显著，最重要，庄严无比美丽无比的一部分。但瓦坡的曲面，翼状翘起的檐角，檐前部的"飞椽"，和承托出檐的斗栱，给予中国建筑以特殊风格，和无可比拟的杰出姿态的，都是内中木构所使然，是我们木工的绝大功绩。因为坡的曲面，和檐的曲线，都是由于结构中的"举架法"的逐渐垒进升高而成，不是由于矫揉造作，或歪曲木料而来。盖顶的瓦，每一种都有它的任务，有一些是结构上必需部分而略加处理，便同时成为优美的瓦饰，如瓦脊、脊吻、垂脊、脊兽等。

油饰本是为保护木材而用的。在这方面中国工匠充分的表现出创造性。他们敢于使用各种颜色在梁枋上作妍丽繁复的彩绘，但主要的却用属于青绿系统的"冷色"而以金为点缀，所谓"青绿点金"，各种格式。柱和门窗则限制到只用纯色的朱红或黑色的漆料，这样建筑物直接受光面同檐下阴影中彩绘斑斓的梁枋斗栱更多了反衬的作用，加强了檐下的艺术效果。彩画制度充分地表现了我们匠师使用颜色的聪明。

其他门窗即"小木作"部分墙壁台基"石作"部分的做法也一样由于积垒的经验有了谨严的规制，也有无穷的变化。如门窗的刻镂，石座的雕饰。各个方面都有特殊的成就。工程上虽也有不可免的缺点，但中国一座建筑物的整体组合，绝无问题的，是高度成功的艺术。

至于建筑物同建筑物间的组合，即对于空间的处理，我们的祖先更是表现了无比的智慧。我们的平面部署是任何其他建筑所不可及的。院落组织是我们在平面上的特征。无论是住宅、官署、寺院、宫廷、商店、作坊，都是由若干主要建筑物，如殿堂、厅舍，加以附属建筑物，如厢耳、廊庑、院门、围墙等周绕联络而成一院，或若干相连的院落。这种庭院，事实上，是将一部分户外空间组织到建筑范围以内。这样便适应了居住者对于阳光、空气、花木的自然要求，供给生活上更多方面的使用，增加了建筑的活泼和功能。一座单座庞大的建筑物将它内中的空间分划使用，无论是如何的周廊复室，建筑物以内同建筑物以外是隔绝的，断然划分的。在外的觉得同内中隔绝，可望而不可即，在内的觉得像被囚禁，欲出而不得出，使生活有某种程度的不自然。直到最近欧美建筑师才注意这个缺点，才强调内外联系打成一片的新观点。我们数千年来则无论贫富，在村镇或城市的房屋没有不是组成院落的。它们很自然的给了我们生活许多的愉快，而我们在习惯中，有时反不会觉察到。一样在一个城市部署方面，我们祖国的空间处理同欧洲系统的不同，主要也是在这种庭院的应用上。今天我们把许多市镇中衙署或寺观前的庭院改成广场是很自然的。公共建筑物前面的院子,就可以成护卫的草地区,也很合乎近代需要。

我们的建筑有着种种优良的传统,我们对于这些要深深理解,向过去虚心学习。我们要巩固我们传统的优点,加以发扬光大,在将来创造中灵活运用,基本保存我们的特征。尤其是在被帝国主义文化侵略数十年之后,我们对文化传统或有些隔膜,今天必须多观摩认识,才会更丰富的体验到、享受到我们祖国文化的特殊的光荣的果实。

千年屹立的木构杰作

几千年来,中华民族的建筑绝大部分是木构的。但因新陈代谢,现在已很难看到唐宋时代完整的建筑群,所见大多是硕果仅存的单座建筑物。

国内现存五百年以上的木构建筑虽还不少;七八百年以上,已经为建筑史家所调查研究过的只有三四十处;千年左右的,除去敦煌石窟的廊檐外,在华北的仅有两处依然完整的健在。我们在这里要首先提到现存木构中最古的一个殿。

五台佛光寺 山西五台山豆村镇佛光寺的大殿是唐末会昌年间毁灭佛法以后,在八五七年重建的。它已是中国现存最古的木构,它依据地形,屹立在靠山坡筑成的高台上。柱头上有雄大的斗栱,在外面挑着屋檐,在内部承托梁架,充分地发挥了中国建筑的特长。它屹立一千一百年，至今完整如初，证明了它的结构工程是如何科学的、合理的，这个建筑如何的珍贵。殿内梁下还有建造时的题字，墙上还保存着一小片原来的壁画，殿内全部三十几尊佛像都是唐末最典型最优秀的作品。在这一座殿中，同时保存着唐代的建筑、书法、绘画、雕塑四种艺术，精华汇粹，实是文物建筑中最重要、最可珍贵的一件国宝。殿内还有两尊精美的泥塑写实肖像，一尊是出资建殿的女施主宁公遇，一尊是当时负责重建佛光寺的愿诚法师，脸部表情富于写实性，且是研究唐末服装的绝好资料。殿阶前有石幢，刻着建殿年月，雕刻也很秀美。

蓟县独乐寺 次于佛光寺最古的木建筑是河北蓟县独乐寺的山门和观音阁。九八四年建造的建筑群，竟还有这门阁相对屹立，至今将近千年了。山门是一座灵巧的单层小建筑，观音阁却是一座庞大的重层（加上两主层间的"平座"层，实际上是三层）大阁。阁内立着一尊六丈余高的泥塑十一面观音菩萨立像，是中国最大的泥塑像，是最典型的优秀辽代雕塑。阁是围绕着像建造的。中间留出一个"井"，平座层达到像膝，上层与像胸平，像头上的"花冠"却顶到上面的八角藻井下。为满足这特殊需要，天才的匠师在阁的中心留出这个"井"，使像身穿过三层楼；这个阁的结构，上下内外，因此便在不同的地位上，按照不同的结构需要，用了十几种不同的斗栱，结构上表现了高度的"有机性"，令后世的建筑师们看见，只有瞠目咋舌的惊叹。全阁雄伟魁梧，重檐坡斜舒展，出檐极远，所呈印象，与国内其他任何楼阁都不相同。

应县木塔 再次要提到的木构杰作就是察哈尔应县佛宫寺的木塔。在桑乾河的平原上，离应县县城十几里，就可以望见城内巍峨的木塔。塔建于一〇五六年，至今也将近九百年了。这座八角五层（连平座层事实上是九层）的塔，全部用木材骨架构成，连顶上的铁刹，总高六十六公尺[1]余，整整二十丈。上下内外共用了五十七种不同的斗栱，以适合结构上不同的需要。唐代以前的佛塔很多是木构的，但佛家的香火往往把它们毁灭，所以后来多改用砖石。到了今天，应县木塔竟成了国内唯一的孤例。由这一座孤例中，我们看到了中国匠师使用木材登峰造极的技术水平，值得我们永远的景仰。塔上一块明代的匾额，用"鬼斧神工"四个字赞扬它，我们看了也有同感。

我们的祖先同样的善用砖石

在木构的建筑实物外，现存的砖工建筑有汉代的石阙和石祠，还有普遍全国的佛塔和不少惊人的石桥，应该做简单介绍的叙述。

1　1公尺等于1米。

汉朝的石阙和石祠　阙是古代宫殿、祠庙、陵墓前面甬道两旁分立在左右的两座楼阁形的建筑物。现在保存最好而且最精美的阙莫过于西康雅安的高颐墓阙和四川绵阳的杨府君墓阙。它们虽然都是石造的，全部却模仿木构的形状雕成。汉朝木构的法式，包括下面的平台，阙身的柱子，上面重叠的枋椽，以及出檐的屋顶，都用高度娴熟精确的技术表现出来。它们都是最珍贵的建筑杰作。

山东嘉祥县和肥城县还有若干汉朝坟墓前的"石室"，它们虽然都极小极简单，但是还可以看出用柱，用斗，和用梁架的表示。

我们从这几种汉朝的遗物中可以看出中国建筑所特有的传统到了汉朝已经完全确立，以后世世代代的劳动人民继续不断地把它发扬光大，以至今日。这些陵墓的建筑物同时也是史学家和艺术家研究汉代丧葬制度和艺术的珍贵参考资料。

嵩山嵩岳寺砖塔　佛塔已几乎成了中国风景中一个不可缺少的因素。千余年来，它们给了辛苦勤劳，受尽压迫的广大人民无限的安慰，春秋佳日，人人共赏，争着登临远眺。文学遗产中就有数不清的咏塔的诗。

唐宋盛行的木塔已经只剩一座了，砖石塔却保存得极多。河南嵩山嵩岳寺塔建于五二〇年，是国内最古的砖塔，也是最优秀的一个实例。塔的平面作十二角形，高十五层，这两个数字在佛塔中是特殊的孤例，因为一般的塔，平面都是四角、六角,或八角形,层数至多仅到十三。这塔在样式的处理上,在一个很高的基座上,是一段高的塔身,再往上是十五层密密重叠的檐。塔身十二角上各砌作一根八角柱,柱础柱头都作莲瓣形。塔身垂直的柱与上面水平的檐层构成不同方向的线路;全塔的轮廓是一道流畅和缓的抛物线形,雄伟而秀丽,是最高艺术造诣的表现。

由全国无数的塔中,我们得到一个结论,就是中国建筑,即使如佛塔这样完全是从印度输入的观念,在物质体形上却基本的是中华民族的产物,只在雕饰细节上表现外来的影响。《后汉书》陶谦传所叙述的"浮图"(佛塔)是"下为重楼,上叠金盘"。重楼是中国原有的多层建筑物,是塔的本身,金盘只是上面的刹,就是印度的"窣堵坡"。塔的建筑是中华文化接受外来文化影响的绝好的结晶。塔是我们把外来影响同原有的基础接合后发展出来的产物。

赵州桥 中国有成千成万的桥梁,在无数的河流上,便利了广大人民的交通,或者给予多少人精神上的愉悦,有许多桥在中国的历史上有着深刻的意义。长安的灞桥,北京的卢沟桥,就是卓越的例子。但从工程的技术上说,最伟大的应是北方无人不晓的赵州桥。如民间歌剧"小放牛"里的男脚色问女的:"赵州桥,什么人修?"绝不是偶然的。它的工程技巧实太惊人了。

这条桥是跨在河北赵县洨水上的。跨长三十七公尺有余

（约十二丈二尺），是一个单孔券桥。在中国古代的桥梁中，这是最大的一个弧券。然而它的伟大不仅在跨度之大，而在大券两端，各背着两个小券的做法。这个措置减少了洪水时桥身对水流的阻碍面积，减少了大券上的荷载，是聪明无比的创举。这种做法在欧洲到一九一二年才初次出现，然而隋朝（公元五八一至六一八年）的匠人李春却在一千三百多年前就建造了这样一道桥。这桥屹立到今天，仍然继续便利着来往的行人和车马。桥上原有唐代的碑文，特别赞扬"隋匠李春""两涯穿四穴"的智巧；桥身小券内面，还有无数宋金元明以来的铭刻，记载着历代人民对它的敬佩。李春两个字是中国工程史中永远不会埋没的名字，每一位桥梁工程师都应向这位一千三百年前伟大的天才工程师看齐！

索桥 铁索桥，竹索桥，这些都是西南各省最熟悉的名称。在工程史中，索桥又是我们的祖先对于人类文化史的一个伟大贡献。铁链是我们的祖先发明的，他们的智慧把一种硬直顽固的天然材料改变成了柔软如意的工具。这个伟大的发明，很早就被应用来联系河流的阻隔，创造了索桥。除了用铁之外，我们还就地取材，用竹索作为索桥的材料。

灌县竹索桥在四川灌县，与著名的水利工程都江堰同样著名，而且在同一地点上的，就是竹索桥。在宽三百二十余公尺的岷江面上，它像一根线那样，把两面的人民联系着，使他们融合成一片。

在激湍的江流中，勇敢智慧的工匠们先立下若干座木架。在江的两岸，各建桥楼一座，楼内满装巨大的石卵。在两楼之间，经过木架上面，并列牵引十条用许多竹篾编成的粗巨的竹索，竹索上面铺板，成为行走的桥面。桥面两旁也用竹索做成栏杆。

西南的索桥多数用铁，而这座索桥却用竹。显而易见，因为它巨大的长度，铁索的重量和数量都成了问题，而竹是当地取不尽，用不竭，而又具有极强的张力的材料；重量又是极轻的。在这一点上，又一次证明了中国工匠善于取材的伟大智慧。

从古就有有计划的城

自从周初封建社会开始，中国的城邑就有了制度。为了防御邻邑封建主的袭击，城邑都有方形的城廓。城内封建主住在前面当中，后面是市场，两旁是老百姓的住宅。对着城门必有一条大街。其余的土地划分为若干方块，叫做"里"，唐以后称"坊"。里也有围墙，四面开门，通到大街或里与里间的小巷上。每里有一名管理员，叫做"里人"。这种有计划的城市，到了隋唐的长安已达到了最高度的发展。

隋唐的长安首次制定了城市的分区计划。城内中央的北部是宫城，皇帝住在里面。宫城之外是皇城，所有的衙署都在里面，就是首都的行政区。皇城之外是都城，每面开三个门，有九条大街南北东西的交织着。大街以外的土地就是一个一个的坊。东西各有两个市场，在大街的交叉处，城之东南隅，还有曲江的风景。这样就把皇宫、行政区、住宅区、商业区、风景区明白地划分规定，而用极好的道路系统把它们系起来，条理井然。有计划的建造城市，我们是历史上最先进的民族。古来"营国筑室"，即都市计划与建筑，素来是相提并论的。

隋唐的长安，洛阳和许多古都市已不存在，但人民中国的首都北京却是经元、明、清三代，总结了都市计划的经验，用心经营出来的卓越的、典型的中国都市。

北京今日城垣的外貌正是辩证的发展的最好例子。北京在部署上最出色的是它的南北中轴线，由南至北长达七公里余。在它的中心立着一座座纪念性的大建筑物。由外城正南的永定门直穿进城，一线引直，通过整一个紫禁城到它北面的钟楼鼓楼，在景山巅上看得最为清楚。世界上没有第二个城市有这样大的气魄，能够这样从容地掌握这样的一种空间概念。更没有第二个国家有这样以巍峨尊贵的纯色黄琉璃瓦顶，朱漆描金的木构建筑物，毫不含糊的连属组合起来的宫殿与宫廷。紫禁城和内中成百座的宫殿是世界绝无仅有的建筑杰作的一个整体。环绕着它的北京的街型区域的分配也是有条不紊的城市的奇异的孤例。当中偏西的宫苑，偏北的平民娱乐的什刹海，禁城北面满是松柏的景山，都是北京的绿色区。在城内有园林的调剂也是不可多得的优良的处理方法。这样的都市不但在全世界里中古时代所没有，即在现代，用最进步的都市计划理论配合，仍然是保持着最有利条件的。

这样一个京城是历代劳动人民血汗的创造，从前一切优美的果实都归统治阶级享受，今天却都回到人民手中来了。我们爱自己的首都，也最骄傲它中间这么珍贵的一份伟大的建筑遗产。

在中国的其他大城市里，完整而调和的，中华民族历代所创造的建筑群，它们的秩序和完整性已被帝国主义的侵入破坏了。保留下来的已都是残破零星，急待整理的。相形之下北京保存的完整更是极可宝贵的。过去在不利的条件下，许多文物遗产都不必要的受到损害。今天的人民已经站起来了，我们保证尽最大的能力来保护我们光荣的祖先所创造出来可珍贵的一切并加以发扬光大。

闲话文物建筑的重修与维护[1]

今年三月,有机会随同文化部的几位领导同志以及茅以升先生重访阔别三十年的赵州桥,还到同样阔别三十年的正定去转了一圈。地方,是旧地重游;两地的文物建筑,却真有点像旧雨重逢了。对这些历史胜地、千年文物来说,三十年仅似白驹过隙;但对我们这一代人来说,这却是变化多么大——天翻地覆的三十年呀!这些文物建筑在这三十年的前半遭受到令人痛心的摧残、破坏。但在这三十年的后半——更准确地说,在这三十年的后十年,也和祖国的大地和人民一道,翻了身,获得了新的"生命"。其中有许多已经更加健康、壮实,而且也显得"年轻"了。它们都将延年益寿,作为中华民族历史文化的最辉煌的典范继续发出光芒,受到我们子子孙孙的敬仰。我们全国的文物工作者在党和政府的领导下,在文物建筑的维护和重修方面取得的成就是巨大的。

---

1 原载于《文物》1964年第7期。

三十年前，当我初次到赵县测绘久闻大名的赵州大石桥——安济桥的时候，兴奋和敬佩之余，看见它那危在旦夕的龙钟残疾老态，又不禁为之黯然怅惘。临走真是不放心，生怕一别即成永诀。当时，也曾为它试拟过重修方案。当然，在那时候，什么方案都无非是纸上谈兵、空中楼阁而已。

解放后，不但欣悉名桥也熬过了苦难的日子，而且也经受住了革命战火的考验；更可喜，不久，重修工作开始了；它被列入全国重点文物保护单位的行列。《小放牛》里歌颂的"玉石栏杆"，在河底污泥中埋没了几百年后，重见天日了。古桥已经返老还童。我们这次还重验了重修图纸，检查了现状。谁敢说它不能继续雄跨洨河再一个一千三百年！

正定龙兴寺也得到了重修。大觉六师殿的瓦砾堆已经清除，转轮藏和慈氏阁都焕然一新了。整洁的伽蓝与三十年前相比，更似天上人间。

在取得这些成就的同时，作为新中国的文物工作者，我们是否已经做得十全十美了呢？当然我们不会那样狂妄自大。我们完全知道，我们还是有不少缺点的。我们的工作还刚刚开始，还缺乏成熟的经验。怎样把我们的工作进一步提高？这值得我们认真钻研。不揣冒昧，在下面提出几个问题和管见，希望抛砖引玉。

整旧如旧与焕然一新

古来无数建筑物的重修碑记都以"焕然一新"这样的形容词来描绘重修的效果,这是有其必然的原因的。首先,在思想要求方面,古建筑从来没有被看作金石书画那样的艺术品,人们并不像尊重殷周铜器上的一片绿锈或者唐宋书画上的苍黯的斑渍那样去欣赏大自然在一些殿阁楼台上留下的烙印。其次是技术方面的要求,一座建筑物重修起来主要是要坚实屹立,继续承受岁月风雨的考验,结构上的要求是首要的。至于木结构上的油饰彩画,除了保护木材,需要更新外,还因剥脱部分,若只片片补画,将更显寒伧。若补画部分模仿原有部分的古香古色,不出数载,则新补部分便成漆黑一团。大自然对于油漆颜色的化学、物理作用是难以在巨大的建筑物上摹拟仿制的。因此,重修的结果就必然是焕然一新了。七七事变以前,我曾跟随杨廷宝先生在北京试做过少量的修缮工作,当时就琢磨过这问题,最后还是采取了"焕然一新"的老办法。这已是将近三十年前的事了,但直至今天,我还是认为把一座古文物建筑修得焕然一新,犹如把一些周鼎汉镜用擦铜油擦得油光晶亮一样,将严重损害到它的历史、艺术价值。这也是一个形式与内容的问题。我们究竟应该怎样处理?有哪些技术问题需要解决?很值得深入地研究一下。

在砖石建筑的重修上,也存在着这问题。但在技术上,我认为是比较容易处理的。在赵州桥的重修中,这方面没有得到足够的重视,这不能说不是一个遗憾。

我认为在重修具有历史、艺术价值的文物建筑中,一般应以"整旧如旧"为我们的原则。这在重修木结构时可能有很多技术上的困难,但在重修砖石结构时,就比较少些。

就赵州桥而论,重修以前,在结构上,由于二十八道并列的券向两侧倾离,只剩下二十三道了,而其中西面的三(?)道,还是明末重修时换上的。当中的二十道,有些石块已经破裂或者风化;全桥真是危乎殆哉。但在外表形象上,即使是明末补砌的部分,都呈现苍老的面貌,石质则一般还很坚实。两端桥墩的石面也大致如此。这些石块大小都不尽相同,砌缝有些参嵯,再加上千百年岁月留下的痕迹,赋予这桥一种与它的高龄相适应的"面貌",表现了它特有的"品格"和"个性"。作为一座古建筑,它的历史性和艺术性之表现,是和这种"品格""个性""面貌"分不开的。

在这次重修中,要保存这桥外表的饱经风霜的外貌是完全可以办到的。它的有利条件之一是桥券的结构采用了我国发券方法的一个古老传统,在主券之上加了缴背(亦称伏)一层。我们既然把这层缴背改为一道钢筋混凝土栱,承受了上面的荷载,同时也起了搭牵住下面二十八道平行并列的单券的作用,则表面完全可以用原来券面的旧石贴面。即使旧券石有少数要更换,也可以用桥身他处拆下的旧石代替,或者就在旧券石之间,用新石"打"几个"补钉",使整座桥恢复"健康"、坚固,但不在面貌上"还童""年轻"。今天我们所见的赵州桥,在形象上绝不给人以高龄1300岁的印象,而像是今天新造的桥——形与神不相称。这不能不说是美中不足。

与此对比,山东济南市去年在柳埠重修的唐代观音寺(九塔寺)塔是比较成功的。这座小塔已经很残破了。但在重修时,山东的同志们采取了"整旧如旧"的原则。旧的部分除了从内部结构上加固,或者把外面走动部分"归安"之外,尽可能不改,也不换料。补修部分,则用旧砖补砌,基本上保持了这座塔的"品格"和"个性",给人以"老当益壮",而不是"还童"的印象。我们应该祝贺山东的同志们的成功,并表示敬意。

一切经过试验

在九塔寺塔的重修中,还有一个好经验,值得我们效法。

九个小塔都已残破,没有一个塔刹存在。山东同志们在正式施工以前,在地面、在塔上,先用砖干摆,从各个角度观摩,看了改,改了看,直到满意才定案,正式安砌上去。这样的精神值得我们学习。

诚然,九座小塔都是极小的东西,做试验很容易;像赵州桥那样庞大的结构，做试验就很难了。但在赵县却有一个最有利的条件。西门外金代建造的永通桥（也是全国重点保护文物），真是"天造地设"的"试验室"。假使在重修大桥以前，先用这座小桥试做，从中吸取经验教训，那么，现在大桥上的一些缺点，也许就可以避免了。

毛主席指示我们"一切要通过试验"，在文物建筑修缮工作中，我们尤其应该牢牢记住。

古为今用与文物保护

我们保护文物，无例外地都是为了古为今用，但用之之道，则各有不同。

有些本来就是纯粹的艺术作品，如书画、造像等，在古代就只作观赏（或膜拜，但膜拜也是"观赏"的一种形式）之用；今用也只供观赏。在建筑中，许多石窟、碑碣、经幢和不可登临的实心塔，如北京的天宁寺塔、妙应寺白塔、赵县柏林寺塔等属于此类。有些本来有些实际用处，但今天不用，而只供观赏的，如殷周鼎爵、汉镜、带钩之类。在建筑中，正定隆兴寺的全部殿、阁，北京天坛祈年殿、皇穹宇等属于此类。当然，这一类建筑，今天若硬要给它"分配"一些实际用途，固然未尝不可，但一般说来，是难以适应今天的任何实际需要的功能的。

就是北京故宫，尽管被利用为博物馆，但绝不是符合现代博物馆的要求的博物馆。但从另一角度说，故宫整个组群本身却是更主要的被"展览"的文物。上面所列举的若干类文物和建筑之为今用，应该说主要是为供观赏之用。当然我们还对它进行科学研究。

另外还有一类文物，本身虽古，具有重要的历史、艺术价值，但直至今天，还具有重要实用价值的。全国无数的古代桥梁是这一类中最突出的实例。虽然许多园林中也有许多纯粹为点缀风景的桥，但在横跨河流的交通孔道上的桥，主要的乃至唯一的目的就是交通。赵县西门外永通桥，尽管已残破歪扭，但就在我们在那里视察的不到一小时的时间内，就有五六辆载重汽车和更多的大车从上面经过。重修以前的安济桥也是经常负荷着沉重的交通流量的。

而现在呢，崭新的桥已被"封锁"起来了。虽然旁边另建了一道便桥，但行人车马仍感不便。其实在重修以前，这座大石桥，和今天西门外的小石桥一样，还是经受着沉重的负荷的。现在既然"脱胎换骨"，十分健壮，理应能更好地为交通服务。假使为了慎重起见，可使载重汽车载重兽力车绕行便桥，一般行人、自行车、小型骡马车、牲畜、小汽车等，还是可以通行的。桥不是只供观赏的。重修之后，古桥仍须为今用——同时发挥它作为文物建筑和作为交通桥梁的双重的，既是精神的，又是物质的作用。当然在保护方面，二者之间有矛盾。负责保管这桥的同志只能妥筹办法,而不能因噎废食。

文物建筑不同于其他文物,其中大多在作为文物而受到特殊保护之同时,还要被恰当地利用。应当按每一座或每一组群的具体情况拟订具体的使用和保护办法,还应当教育群众和文物建筑的使用者尊重、爱护。

涂脂抹粉与输血打针

几千年的历史给我们留下了大量的文物建筑。国务院在1961年已经公布了第一批全国重点文物保护单位。在我国几千年历史中,文物建筑第一次真正受到政府的重视和保护。每年国家预算都拨出巨款为修缮、保管文物建筑之用。即使在遭受连年自然灾害的情况下,文物建筑之修缮保管工作仍得到不小的款额。这对我们是莫大的鼓舞。这些钱从我们手中花出去,每一分钱都是工人、农民同志的汗水的结晶,每一分钱都应该花得"铛铛"地响,——把钢用在刀刃上。

问题在于,在文物建筑的重修与维护中,特别是在我国目前经济情况下,什么是"刀刃"?"刀刃"在哪里?

我们从历代祖先继承下来的建筑遗产是一份珍贵的文化遗产,但同时也是一个分量不轻的"包袱"。它们绝大部分都是已经没有什么实用价值的东西;它们主要的甚至唯一的价值就是历史或者艺术价值。它们大多数是千几百年的老建筑；有砖石建筑、有木构房屋；有些还比较硬朗、结实，有些则"风烛残年"，危在旦夕。对它们进行维修，需要相当大的财力、物力。而在人力方面，按比例说，一般都比新建要投入大得多的工作和时间。我们的主观愿望是把有价值的文物建筑全部修好。但"百废俱兴"是不可能的。除了少数重点如赵县大石桥、北京故宫、敦煌莫高窟等能得到较多的"照顾"外，其他都要排队，分别轻重缓急，逐一处理。但同时又须意识到，这里面有许多都是危在旦夕的"病号"，必须准备"急诊"、随时抢救。抢救需要"打强心针""输血"，使"病号""苟延残喘"，稳定"病情"，以待进一步恢复"健康"。对一般的砖石建筑说来，除去残破严重的大跨度发券结构（如重修前的赵县大石桥和目前的小石桥）外，一般都是"慢性病"，多少还可以"带病延年"，急需抢救的不多。但木构架建筑，主要构材（如梁、柱）和结构关键（如脊或檩）的开始蛀蚀腐朽，如不及时"治疗"，"病情"就会迅速发展，很快就"病入膏肓"，救药就越来越困难了。无论我们修缮文物建筑的经费有多少，必然会少于需要的款额或材料、人力的。这种分别轻重缓急、排队逐一处理的情况都将长期间存在。因此，各地文物保管部门的重要工作之一就在及时发现这一类急需抢救的建筑和它们"病症"的关键，及时抢修，防止其继续破坏下去，去把它稳定下来，如同输血、打强心针一样，而不应该"涂脂抹粉"，做表面文章。

正定隆兴寺除了重修了转轮藏和慈氏阁之外,还清除了大觉六师殿遗址的瓦砾堆,将原来的殿基和青石佛坛清理出来,全寺环境整洁,这是很好的。但摩尼殿的木构柱梁(过去虽曾一度重修)有许多已损坏到岌岌可危的程度,戒坛也够资格列入"危险建筑"之列了。此外,正定城内还有若干处急需保护以免继续坏下去的文物建筑。今年度正定分到的维修费是不太多的,理应精打细算,尽可能地做些"输血、打针"的抢救工作。但我们所了解到的却是以经费中很大部分去做修补大觉六师殿殿基和佛坛的石作。这是一个对于文物建筑的概念和保护修缮的基本原则的问题。古埃及、希腊、罗马的建筑遗物绝大多数是残破不全的,修缮工作只限于把倾倒坍塌的原石归安本位,而绝不应为添制新的部分。即使有时由于结构的必需而"打"少数"补钉",亦仅是由于维持某些部分使不致拼不拢或者搭不起来,不得已而为之。大觉六师殿殿基是一个残存的殿基,而且也只是一个残存的殿基。它不同于转轮藏和慈氏阁,丝毫没有修补或再加工的必要。在这里,可以说钢是没有用在刀刃上了。这样的做法,我期期以为不可,实在不敢赞同。

正定城内很值得我们注意的是开元寺钟楼。许多位同志都认为这座钟楼,除了它上层屋顶外,全部主要构架和下檐都是唐代结构。这是一座很不惹人注意的小楼。我们很有条件参照下檐斗栱和檐部结构,并参考一些壁画和实物,给这座小楼恢复一个唐代样式屋顶,在一定程度上恢复它的本来面目。以我们所掌握的对唐代建筑的知识，肯定能够取得"虽不中亦不远矣"的效果，总比现在的样子好得多。估计这项工程所费不大，是一项"事半功倍"的值得做的好事。同时，我们也可以借此进行一次试验，为将来复修或恢复其他唐代建筑的工作取得一点经验。我很同意同志们的这些意见和建议。这座钟楼虽然不是需要"输血打针"的"重病号"，但也可以算是值得"用钢"的"刀刃"吧。

红花还要绿叶托

一切建筑都不是脱离了环境而孤立存在的东西。它也许是一座秀丽的楼阁，也许是一座挺拔的宝塔，也许是平铺一片的纺织厂，也许是四根、六根大烟囱并立的现代化热电站，但都不能"独善其身"。对人们的生活，对城乡的面貌，它们莫不对环境发生一定影响；同时，也莫不受到环境的影响。在文物建筑的保管、维护工作中，这是一个必须予以考虑的方面。文化部规定文物建筑应有划定的保管范围，这是完全必要的。对于划定范围的具体考虑，我想补充几点。除了应有足够的范围，便于保管外，还应首先考虑到观赏的距离和角度问题。范围不可太小，必须给观赏者可以从至少一个角度或两三个角度看见建筑物全貌的足够距离，其中包括便于画家和摄影家绘画、摄影的若干最好的角度。

其次是绿化问题。文物建筑一般最好都有些绿化的环境。但绿化和观赏可能发生矛盾，甚至对建筑物的保护也可能发生矛盾。去年到蓟县看见独乐寺观音阁周围种树离阁太近了，而且种了三四排之多。这些树长大后不仅妨碍观赏，而且树枝会和阁身"打架"，几十年后还可能挤坏建筑；树根还可能伤害建筑物的基础。因此，绿化应进行设计：大树要离建筑物远些，要考虑将来成长后树型与建筑物体型的协调；近处如有必要，只宜种些灌木，如丁香、刺梅之类。

残破低矮的建筑遗址，有些是需要一些绿化来衬托衬托的，但也不可一概而论。正定龙兴寺北半部已有若干棵老树，但南半大觉六师殿址周围就显得秃了些。六师殿址前后若各有一对松柏一类的大树，就会更好些。殿址之北，摩尼殿前的东西配殿遗址，现在用柏树篱一周围起，就使人根本看不到殿址了。这里若用树篱，最好只种三面，正面要敞开，如同三扇屏风，将殿基残址衬托出来。

绿化如同其他艺术一样，也有民族形式问题。我国传统的绿化形式一般都采取自然形式。西方将树木剪成各种几何形体的办法，一般是难与我国环境协调，枯燥无味的。

但我们也不应一概拒绝，例如在摩尼殿前配殿基址就可以用剪齐的树屏风。但有些在地面上用树木花草摆成几何图案，我是不敢赞同的。

有若无，实若虚，大智若愚

在重修文物建筑时，我们所做的部分，特别是在不得已的情况下，我们加上去的部分，它们在文物建筑本身面前，应该采取什么样的态度，是我们应该正确认识的问题。这和前面所谈"整旧如旧"事实上是同一问题。

游故宫博物院书画馆的游人无不痛恨乾隆皇帝。无论什么唐、宋、元、明的最珍贵的真迹上，他都要题上冗长的歪诗，打上他那"乾隆御览之宝""古稀天子之宝"的图章。他应被判为一名破坏文物的罪在不赦的罪犯。他在爱惜文物的外衣上，拼命地表现自己。我们今天重修文物建筑时，可不要犯他的错误。

前一两年曾见到龙门奉先寺的保护方案，可以借来说明我一些看法。

奉先寺卢舍那佛一组大像原来是有木构楼阁保护的；但不知从什么时候起（推测甚至可能从会昌灭法时），就已经被毁。一组大像露天危坐已经好几百年，已经成为人们脑子里对于龙门石窟的最主要的印象了。但今天，我们不能让这组中国雕刻史中最重要的杰作之一继续被大自然损蚀下去，必须设法保护，不使再受日晒雨淋。给它做一些掩盖是必要的。问题在于做什么和怎样做。

见到的几个方案都采取柱廊的方式。这可能是最恰当的方式。这解决了"做什么"的问题。

至于怎样做，许多方案都采用了粗壮有力的大石柱，上有雕饰的柱头，下有华丽的柱础；柱上有相当雄厚的檐子。给人的印象略似北京人民大会堂的柱廊。唐朝的奉先寺装上了今天常见的大礼堂或大剧院的门面！这不仅"喧宾夺主"，使人们看不见卢舍那佛的组像，而且改变了龙门的整个气氛。我们正在进行伟大的社会主义建设，在建设中我们的确应该把中国人民的伟大气概表达出来。但这应该表现在长江大桥上，在包钢、武钢上，在天安门广场、长安街、人民大会堂、革命历史博物馆上，而不应该表现在龙门奉先寺上。在这里，新中国的伟大气概要表现在尊重这些文物、突出这些文物。我们所做的一切维修部分，在文物跟前应当表现得十分谦虚，只做小小"配角"，要努力做到"无形中"把"主角"更好地衬托出来，绝不应该喧宾夺主影响主角地位。这就是我们伟大气概的伟大的表现。

在古代文物的修缮中，我们所做的最好能做到"有若无，实若虚，大智若愚"，那就是我们最恰当的表现了。

解放以来，负责保管和维修文物建筑的同志们已经做了很多出色的工作，积累了很多经验，而我自己在具体设计和施工方面却一点也没有做。这次到赵县、正定走马观花一下，回来就大发谬论，累牍盈篇，求全责备，吹毛求疵，实在是荒唐狂妄至极。只好借杨大年一首诗来为自己开脱。诗曰：

鲍老当筵笑郭郎，笑他舞袖太郎当；

若教鲍老当筵舞，定比郎当舞袖长！

关于北京城墙存废问题的讨论[1]

北京成为新中国的新首都了。新首都的都市计划即将开始,古老的城墙应该如何处理,很自然地成了许多人所关心的问题。处理的途径不外拆除和保存两种。城墙的存废在现代的北京都市计划里,在市容上,在交通上,在城市的发展上,会发生什么影响,确是一个重要的问题,应该慎重的研讨,得到正确的了解,然后才能在原则上得到正确的结论。

有些人主张拆除城墙,理由是:城墙是古代防御的工事,现在已失去了功用,它已尽了它的历史任务了;城墙是封建帝王的遗迹;城墙阻碍交通,限制或阻碍城市的发展;拆了城墙可以取得许多砖,可以取得地皮,利用为公路。简单的说,意思是:留之无用,且有弊害,拆之不但不可惜,且有薄利可图。

但是,从不主张拆除城墙的人的论点上说,这种看法是有

---

[1] 原载《新建设》,1950年7月,第二卷第六期。

偏见的，片面的，狭隘的，也缺乏实际的计算的；由全面城市计划的观点看来，都是知其一不知其二的，见树不见林的。

他说：城墙并不阻碍城市的发展，而且把它保留着与发展北京为现代城市不但没有抵触，而且有利。如果发展它的现代作用，它的存在会丰富北京城人民大众的生活，将久远的为我们可贵的环境。

先说它的有利的现代作用。自从十八、十九世纪以来，欧美的大都市因为工商业无计划、无秩序、无限制的发展，城市本身也跟着演成了野草蔓延式的滋长状态。工业、商业、住宅起先便都混杂在市中心，到市中心积渐地密集起来时，住宅区便向四郊展开。因此，工商业随着又向外移。到了四郊又渐形密集时，居民则又向外展移，工商业又追踪而去。结果，市区被密集的建筑物重重包围。在伦敦、纽约等市中心区居住的人，要坐三刻钟乃至一小时以上的地道车才能达到郊野。市内之枯燥嘈杂，既不适于居住，也渐不适于工作，游息的空地都被密集的建筑物和街市所侵占，人民无处游息，各种行动都忍受交通的拥挤和困难。所以现代的都市计划，为市民身心两方面的健康，为解除无限制蔓延的密集，便设法采取了将城市划分为若干较小的区域的办法。小区域之间要用一个园林地带来隔离。这种分区法的目的在使居民能在本区内有工作的方便，每日经常和必要的行动距离合理化，交通方便及安全化；同时使居民很容易接触附近郊野田园之乐，在大自然里休息；而对于行政管理方面，也易于掌握。北京在二十年后，人口可能增加到四百万人以上，分区方法是必须采用的。靠近城墙内外的区域，这城墙正可负起它新的任务。利用它为这种现代的区间的隔离物是很方便的。

这里主张拆除的人会说：隔离固然是隔离了，但是你们所要的园林地带在哪里？而且隔离了交通也就被阻梗了。

主张保存的人说：城墙外面有一道护城河，河与墙之间有一带相当宽的地，现在城东、南、北三面，这地带上都筑了环城铁路。环城铁路因为太近城墙，阻碍城门口的交通，应该拆除向较远的地方展移。拆除后的地带，同护城河一起，可以做成极好的"绿带"公园。护城河在明正统年间，曾经"两涯甃以砖石"，将来也可以如此做。将来引导永定河水一部分流入护城河的计划成功之后，河内可以放舟钓鱼，冬天又是一个很好的溜冰场。不唯如此，城墙上面，平均宽度约十公尺以上，可以砌花池，栽植丁香、蔷薇一类的灌木，或铺些草地，种植草花，再安放些园椅。夏季黄昏，可供数十万人的纳凉游息。秋高气爽的时节，登高远眺，俯视全城，西北苍苍的西山，东南无际的平原，居住于城市的人民可以这样接近大自然，胸襟壮阔。还有城楼角楼等可以辟为陈列馆、阅览室、茶点铺。这样一带环城的文娱圈，环城立体公园，是全世界独一无二的。北京城内本来很缺乏公园空地，解放后皇宫禁地都是人民大众工作与休息的地方；清明前后几个周末，郊外颐和园一天的门票曾达到八九万张的纪录，正表示北京的市民如何迫切的需要假日休息的公园。古老的城墙正在等候着负起新的任务，它很方便地在城的四面，等候着为人民服务，休息他们的疲劳筋骨，培养他们的优美情绪，以民族文物及自然景色来丰富他们的生活。

不唯如此，假使国防上有必需时，城墙上面即可利用为良好的高射炮阵地。古代防御的工事在现代还能够再尽一次历史任务！

这里主张拆除者说，它是否阻碍交通呢？

主张保存者回答说：这问题只在选择适当地点，多开几个城门，便可解决的。而且现代在道路系统的设计上，我们要控制车流，不使它像洪水一般的到处"泛滥"，而要引导它汇集在几条干道上，以联系各区间的来往。我们正可利用适当位置的城门来完成这控制车流的任务。

但是主张拆除的人强调着说：这城墙是封建社会统治者保卫他们的势力的遗迹呀，我们这时代既已用不着，理应拆除它的了。

回答是：这是偏差幼稚的看法。故宫不是帝王的宫殿吗？它今天是人民的博物院。天安门不是皇宫的大门吗？中华人民共和国的诞生就是在天安门上由毛主席昭告全世界的。我们不要忘记，这一切建筑体形的遗物都是古代多少劳动人民创造出来的杰作，虽然曾经为帝王服务，被统治者所专用，今天已属于人民大众，是我们大家的民族纪念文物了。

同样的，北京的城墙也正是几十万劳动人民辛苦事迹所遗留下的纪念物。历史的条件产生了它，它在各时代中形成并执行了任务，它是我们人民所承继来的北京发展史在体形上的遗产。它那凸字形特殊形式的平面就是北京变迁发展史的一部分说明，各时代人民辛勤创造的史实，反映着北京的成长和文化上的进展。我们要记着，从前历史上易朝换代是一个统治者代替了另一个统治者，但一切主要的生产技术及文明的、艺术的创造，却总是从人民手中出来的；为生活便利和安心工作的城市工程也不是例外。

简略说来，公元1234年元人的统治阶级灭了金人的统治阶级之后，焚毁了比今天北京小得多的中都（在今城西南）。到公元1267年，元世祖以中都东北郊琼华岛离宫（今北海）为他威权统治的基础核心，古今最美的皇宫之一，外面四围另筑了一周规模极大的，近乎正方形的大城；现在内城的东西两面就仍然是元代旧的城墙部位，北面在现在的北面城墙之北五里之处（土城至今尚存），南面则在今长安街线上。当时城的东南角就是现在尚存的，郭守敬所创建的观象台地点。那时所要的是强调皇宫的威仪，"面朝背市"的制度，即宫在南端，市在宫的北面的布局。当时运河以什刹海为终点，所以商业中心，即"市"的位置，便在钟鼓楼一带。当时以手工业为主的劳动人民便都围绕着这个皇宫之北的市心而生活。运河是由城南入城的，现在的北河沿和南河沿就是它的故道，所以沿着现时的六国饭店、军管会、翠明庄、北大的三院、民主广场、中法大学河道一直北上，尽是外来的船舶，由南方将物资运到什刹海。什刹海在元朝便相等于今日的前门车站交通终点的。后来运河失修，河运只达城南，城北部人烟稀少了。而城南却更便于工商业。在公元1370年前后，明太祖重建城墙的时候，就为了这个原因，将城北面"缩"了五里，建造了今天的安定门和德胜门一线的城墙。商业中心既南移，人口亦向城南集中。但明永乐时迁都北京，城内却缺少修建衙署的地方，所以在公元1419年，将南面城墙拆了展到现在所在的线上。南面所展宽的土地，以修衙署为主，开辟了新的行政区。现在的司法部街原名"新刑部街"，是由西单牌楼的"旧刑部街"迁过来的。换一句话说，就是把东西交民巷那两条"郊民"的小街"巷"让出为衙署地区，而使郊民更向南移。

现在内城南部的位置是经过这样展拓而形成的。正阳门外也在那以后更加繁荣起来。到了明朝中叶，统治者势力渐弱，反抗的军事威力渐渐严重起来。因为城南人多，所以计划以元城北面为基础，四周再筑一城。故外城由南面开始，当中开辟永定门，但开工之后，发现财力不足，所以马马虎虎，东西未达到预定长度，就将城墙北折，止于内城的南方。于公元1553年完成了今天这个凸字形的特殊形状。它的形成及其在位置上的发展，明显的是辩证的，处处都反映各时期中政治、经济上的变化及其在军事上的要求。

这个城墙由于劳动的创造,它的工程表现出伟大的集体创造与成功的力量。这环绕北京的城墙,主要虽为防御而设,但从艺术的观点看来,它是一件气魄雄伟、精神壮丽的杰作。它的朴质无华的结构,单纯壮硕的体形,反映出为解决某种的需要,经由劳动的血汗,劳动的精神与实力,人民集体所成功的技术上的创造。它不只是一堆平凡叠积的砖堆,它是举世无匹的大胆的建筑纪念物,磊拓嵯峨,意味深厚的艺术创造。无论是它壮硕的品质,或是它轩昂的外像,或是那样年年历尽风雨甘辛,同北京人民共甘苦的象征意味,总都要引起后人复杂的情感的。

苏联斯莫冷斯克的城墙,周围七公里,被称为"俄罗斯的颈环",大战中受了损害,苏联人民百般爱护地把它修复。北京的城墙无疑的也可当"中国的颈环"乃至"世界的颈环"的尊号而无愧。它是我们的国宝,也是世界人类的文物遗迹。我们既承继了这样可珍贵的一件历史遗产,我们岂可随便把它毁掉!

那么,主张拆除者又问了:在那有利的方面呢?我们计算利用城墙上那些砖,拆下来协助其他建设的看法,难道就不该加以考虑吗?

这里反对者方面更有强有力的辩驳了。

他说:城砖固然可能完整地拆下很多,以整个北京城来计算，那数目也的确不小。但北京的城墙，除去内外各有厚约一公尺的砖皮外，内心全是"灰土"，就是石灰黄土的混凝土。这些三四百年乃至五六百年的灰土坚硬如同岩石，据约略估计，约有一千一百万吨。假使能把它清除，用由二十节十八吨的车皮组成的列车每日运送一次，要八十三年才能运完！请问这一列车在八十三年之中可以运输多少有用的东西。而且这些坚硬的灰土，既不能用以种植，又不能用作建筑材料，用来筑路，却又不够坚实，不适使用，完全是毫无用处的废料。不但如此，因为这混凝土的坚硬性质，拆除时没有工具可以挖动它，还必须使用炸药，因此北京的市民还要听若干年每天不断的爆炸声！还不止如此，即使能把灰土炸开，挖松，运走，这一千一百万吨的废料的体积约等于十一二个景山，又在何处安放呢？主张拆除者在这些问题上面没有费过脑汁，也许是由于根本没有想到，乃至没有知道墙心内有混凝土的问题吧。

就说绕过这样一个问题而不讨论，假设北京同其他县城的城墙一样是比较简单的工程，计算把城砖拆下做成暗沟，用灰土将护城河填平，铺好公路，到底是不是一举两得一种便宜的建设呢？

由主张保存者的立场来回答是：苦心的朋友们，北京城外并不缺少土地呀，四面都是广阔的平原，我们又为什么要费这样大的人力，一两个野战军的人数，来取得这一带之地呢？拆除城墙所需的庞大的劳动力是可以积极生产许多有利于人民的果实的。将来我们有力量建设，砖窑业是必要发展的，用不着这样费事去取得。如此浪费人力，同时还要毁掉环绕着北京的一件国宝文物——一圈对于北京形体的壮丽有莫大关系的古代工程，对于北京卫生有莫大功用的环城护城河——这不但是庸人自扰，简直是罪过的行动了。

这样辩论斗争的结果，双方的意见是不应该不趋向一致的。事实上，凡是参加过这样辩论的，结论便都是认为城墙的确不但不应拆除，且应保护整理，与护城河一起作为一个整体的计划，善予利用，使它成为将来北京市都市计划中的有利的，仍为现代所重用的一座纪念性的古代工程。这样由它的物质的特殊和珍贵，形体的朴实雄壮，反映到我们感觉上来，它会丰富我们对北京的喜爱，增强我们民族精神的饱满。

至拙至美：中国古建的特征之美

中国建筑的特征[1]

中国的建筑体系是在世界各民族数千年文化史中一个独特的建筑体系。它是中华民族数千年来世代经验的累积所创造的。这个体系分布到很广大的地区：西起葱岭，东至日本、朝鲜，南至越南、缅甸，北至黑龙江，包括蒙古人民共和国的区域在内。这些地区的建筑和中国中心地区的建筑，或是同属于一个体系，或是大同小异，如弟兄之同属于一家的关系。

考古学家所发掘的殷代遗址证明，至迟在公元前15世纪，这个独特的体系已经基本上形成了。它的基本特征一直保留到了最近代。三千五百年来，中国世世代代的劳动人民发展了这个体系的特长，不断地在技术上和艺术上把它提高，达到了高度水平，取得了辉煌成就。

中国建筑的基本特征可以概括为下列九点。

（一）个别的建筑物，一般地由三个主要部分构成：下部

---

[1] 原载《建筑学报》1954年第1期。

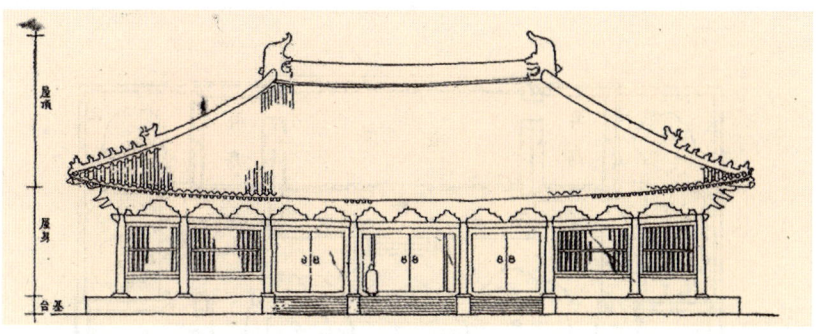

○ 图二　一座中国建筑物的三个主要部分

的台基，中间的房屋本身和上部翼状伸展的屋顶（图二）。

（二）在平面布置上，中国所称为一"所"房子是由若干座这种建筑物以及一些联系性的建筑物，如回廊、抱厦、厢、耳、过厅，等等，围绕着一个或若干个庭院或天井建造而成的。在这种布置中，往往左右均齐对称，构成显著的轴线。这同一原则，也常应用在城市规划上。主要的房屋一般地都采取向南的方向，以取得最多的阳光。这样的庭院或天井里虽然往往也种植树木花草，但主要部分一般地都有砖石墁地，成为日常生活所常用的一种户外的空间，我们也可以说它是很好的"户外起居室"（图三）。

（三）这个体系以木材结构为它的主要结构方法。这就是说，房身部分是以木材做立柱和横梁，成为一付梁架。每一付梁架有两根立柱和两层以上的横梁。每两付梁架之间用枋、檩之类的横木把它们互相牵搭起来，就成了"间"的主要构架，以承托上面的重量。

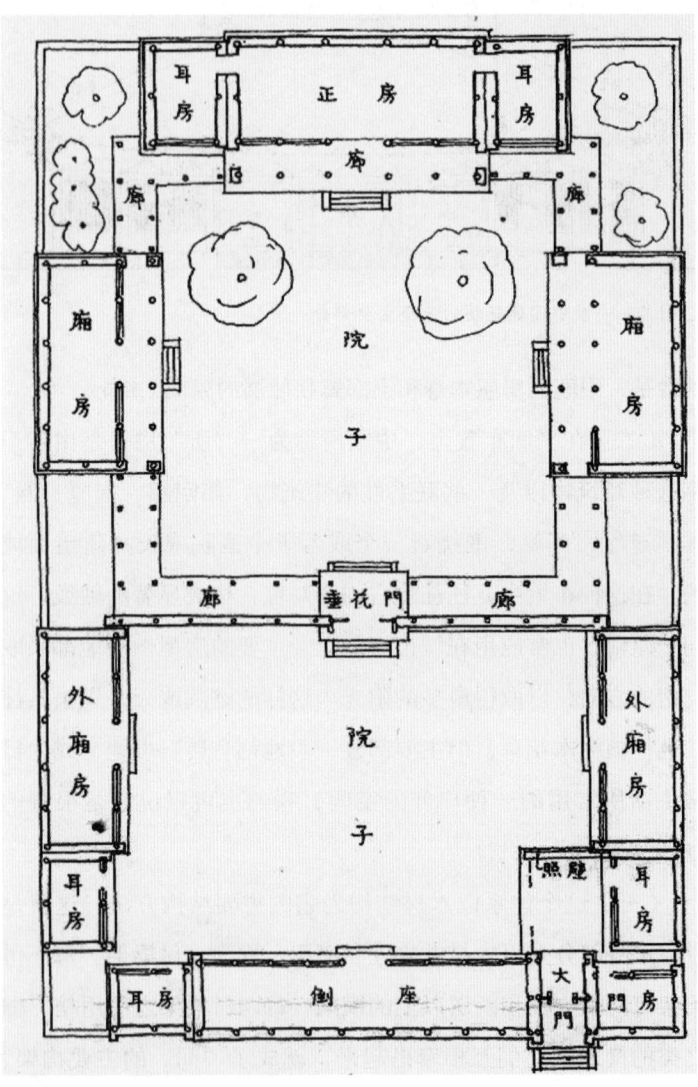

◎ 图三 一所北京住宅的平面图

两柱之间也常用墙壁，但墙壁并不负重，只是像"帷幕"一样，用以隔断内外，或分划内部空间而已。因此，门窗的位置和处理都极自由，由全部用墙壁至全部开门窗，乃至既没有墙壁也没有门窗（如凉亭），都不妨碍负重的问题；房顶或上层楼板的重量总是由柱承担的。这种框架结构的原则直到现代的钢筋混凝土构架或钢骨架的结构才被应用，而我们中国建筑在三千多年前就具备了这个优点，并且恰好为中国将来的新建筑在使用新的材料与技术的问题上具备了极有利的条件。（图四）

◎ 图四 （北京 北海凉亭）柱间可以没有墙壁门窗成为凉亭，亦可砌墙安门窗

（四）斗栱：在一副梁架上，在立柱和横梁交接处，在柱头上加上一层层逐渐挑出的称做"栱"的弓形短木，两层栱之间用称做"斗"的斗形方木块垫着。这种用栱和斗综合构成的单位叫做"斗栱"。它是用以减少立柱和横梁交接处的剪力，以减少梁的折断之可能的。更早，它还是用以加固两条横木接榫的，先是用一个斗，上加一块略似栱形的"替木"。斗栱也可以由柱头挑出去承托上面其他结构，最显著的如屋檐，上层楼外的"平坐"（露台），屋子内部的楼井、栏杆等。斗栱的装饰性很早就被发现，不但在木构上得到了巨大的发展，并且在砖石建筑上也充分应用，它成为中国建筑中最显著的特征之一（图五、六）。

（五）举折，举架：梁架上的梁是多层的；上一层总比下一层短；两层之间的矮柱（或柁墩）总是逐渐加高的。这叫做"举架"。屋顶的坡度就随着这举架，由下段的檐部缓和的坡度逐步增高为近屋脊处的陡斜，成了缓和的弯曲面。

（六）屋顶在中国建筑中素来占着极其重要的位置。它的瓦面是弯曲的，已如上面所说。当屋顶是四面坡的时候，屋顶的四角也就是翘起的。它的壮丽的装饰性也很早就被发现而予以利用了。在其他体系建筑中，屋顶素来是不受重视的部分，除掉穹窿顶得到特别处理之外，一般坡顶都是草草处理，生硬无趣，甚至用女儿墙把它隐藏起来。但在中国，古代智慧的匠师们很早就发挥了屋顶部分的巨大的装饰性。在《诗经》里就

◎ 图五 （吴县 玄妙观三清殿）斗栱在外部承托檐部

◎ 图六 （太谷 万安寺）斗栱在内部承托梁架枋檩

◎ 图七 （北京 中和殿及保和殿）屋顶壮丽的装饰性很早就被发现而予以利用了

有"如鸟斯革""如翚斯飞"的句子来歌颂像翼舒展的屋顶和出檐。《诗经》开了端，两汉以来许多诗词歌赋中就有更多叙述屋子顶部和它的各种装饰的辞句。这证明屋顶不但是几千年来广大人民所喜闻乐见的，并且是我们民族最骄傲的成就。它的发展成为中国建筑中最主要的特征之一（图七）。

（七）大胆地用朱红作为大建筑物屋身的主要颜色，用在柱、门窗和墙壁上，并且用彩色绘画图案来装饰木构架的上部结构，如额枋、梁架、柱头和斗栱，无论外部内部都如此。在使用颜色上，中国建筑是世界各建筑体系中最大胆的（图八）。

◎ 图八 （北京 太和殿）在使用颜色上，中国建筑是最大胆的。在黑白照片中也可以看出颜色的效果

（八）在木结构建筑中，所有构件交接的部分都大半露出，在它们外表形状上稍稍加工，使成为建筑本身的装饰部分。例如：梁头做成"挑尖梁头"或"蚂蚱头"；额枋出头做成"霸王拳"；昂的下端做成"昂嘴"，上端做成"六分头"或"菊花头"；将几层昂的上段固定在一起的横木做成"三福云"，等等；或如整组的斗栱和门窗上的刻花图案、门环、角叶，乃至如屋脊、脊吻、瓦当等都属于这一类。它们都是结构部分，经过这样的加工而取得了高度装饰的效果。

（九）在建筑材料中，大量使用有色琉璃砖瓦；尽量利用各色油漆的装饰潜力。木上刻花，石面上作装饰浮雕，砖墙上也加雕刻。这些也都是中国建筑体系的特征。

这一切特点都有一定的风格和手法，为匠师们所遵守，为人民所承认，我们可以叫它做中国建筑的"文法"。建筑和语言文字一样，一个民族总是创造出他们世世代代所喜爱，因而沿用的惯例，成了法式。在西方，希腊、罗马体系创造了它们的"五种典范"，成为它们建筑的法式。中国建筑怎样砍割并组织木材成为梁架，成为斗栱，成为一"间"，成为个别建筑物的框架；怎样用举架的公式求得屋顶的曲面和曲线轮廓；怎样结束瓦顶；怎样求得台基、台阶、栏杆的比例；怎样切削生硬的结构部分，使同时成为柔和的、曲面的、图案型的装饰物；怎样布置并联系各种不同的个别建筑，组成庭院；这都是我们建筑上二三千年沿用并发展下来的惯例法式。无论每种具体的实物怎样地千变万化，它们都遵循着那些法式。构件与构件之间，构件和它们的加工处理装饰，个别建筑物与个别建筑物之间，都有一定的处理方法和相互关系，所以我们说它是一种建筑上的"文法"。至如梁、柱、枋、檩、门、窗、墙、瓦、槛、阶、栏杆、槅扇、斗栱、正脊、垂脊、正吻、戗兽、正房、厢房、游廊、庭院、夹道，等等，那就是我们建筑上的"词汇"，是构成一座或一组建筑的不可少的构件和因素。

这种"文法"有一定的拘束性，但同时也有极大的运用的灵活性，能有多样性的表现。也如同做文章一样，在文法的拘束性之下,仍可以有许多体裁,有多样性的创作,如文章之有诗、词、歌、赋、论著、散文、小说,等等。建筑的"文章"也可因不同的命题,有"大文章"或"小品"。大文章如宫殿、庙宇,等等;"小品"如山亭、水榭、一轩、一楼。文字上有一面横额,一副对子,纯粹作点缀装饰用的。建筑也有类似的东西,如在路的尽头的一座影壁,或横跨街中心的几座牌楼,等等。它们之所以都是中国建筑,具有共同的中国建筑的特性和特色,就是因为它们都用中国建筑的"词汇",遵循着中国建筑的"文法"所组织起来的。运用这"文法"的规则,为了不同的需要,可以用极不相同的"词汇"构成极不相同的体形,表达极不相同的情感,解决极不相同的问题,创造极不相同的类型。

这种"词汇"和"文法"到底是什么呢?归根说来,它们是从世世代代的劳动人民在长期建筑活动的实践中所累积的经验中提炼出来,经过千百年的考验,而普遍地受到承认而遵守的规则和惯例。它是智慧的结晶,是劳动和创造成果的总结。它不是一人一时的创作,它是整个民族和地方的物质和精神条件下的产物。

由这"文法"和"词汇"组织而成的这种建筑形式,既经广大人民所接受,为他们所承认、所喜爱,于是原先虽是从木材结构产生的,它们很快地就越过材料的限制,同样地运用到砖石建筑上去,以表现那些建筑物的性质,表达所要表达的情感。这说明为什么在中国无数的建筑上都常常应用原来用在木材结构上的"词汇"和"文法"。这条发展的途径，中国建筑和欧洲希腊、罗马的古典建筑体系，乃至埃及和两河流域的建筑体系是完全一样的；所不同者，是那些体系很早就舍弃了木材而完全代以砖石为主要材料。在中国，则因很早就创造了先进的科学的梁架结构法，把它发展到高度的艺术和技艺水平，所以虽然也发展了砖石建筑，但木框架还同时被采用为主要结构方法。这样的框架实在为我们的新建筑的发展创造了无比的有利条件。

在这里，我打算提出一个各民族的建筑之间的"可译性"的问题。

如同语言和文学一样，为了同样的需要，为了解决同样的问题，乃至为了表达同样的情感，不同的民族，在不同的时代是可以各自用自己的"词汇"和"文法"来处理它们的。简单的如台基、栏杆、台阶，等等，所要解决的问题基本上是相同的，但多少民族创造了多少形式不同的台基、栏杆和台阶。例如热河普陀拉的一个窗子，就与无数文艺复兴时代的窗子"内容"完全相同，但是各用不同的"词汇"和"文法"，用自己的形式把这样一句"话""说"出来了。又如天坛皇穹宇与罗马的布拉曼提所设计的圆亭子，虽然大小不同，但基本上是同一体裁的"文章"。又如罗马的凯旋门与北京的琉璃牌楼，罗马的一些纪念柱与我们的华表，都是同一性质，同样处理的市容点缀。这许多例子说明各民族各有自己不同的建筑手法，建造出来各种各类的建筑物，就如同不同的民族有用他们不同的文字所写出来的文学作品和通俗文章一样。

我们若想用我们自己建筑上优良传统来建造适合于今天我们新中国的建筑，我们就必须首先熟悉自己建筑上的"文法"和"词汇"，否则我们是不可能写出一篇中国"文章"的。关于这方面深入一步的学习，我介绍同志们参考清《工部工程做法则例》和宋李明仲的《营造法式》。关于前书，前中国营造学社出版的《清式营造则例》可作为一部参考用书。关于后书，我们也可以从营造学社一些研究成果中得到参考的图版。

古建序论[1]
——在考古工作人员训练班讲演记录

古建序论主要的内容是"为什么和如何为广大的劳动人民保护祖国伟大灿烂的建筑遗产"。

我们人民的中国三年来的伟大成就,使资本主义国家惊异不已,我们建设的力量是他们所不能想象的。有一次印度文化访问团的一位考古学家曾问我:"目前中国的考古人员大概没有什么事情可做吧?"我回答他说:"恰恰相反,现在我们正在各处建设,进行庞大的工程,如修铁路和兴水利工程,发现古坟古物的报告不断地来到,正急待政府派专人去保管与整理,考古人员供不应求。从前的考古工作者孤独地在象牙塔里钻牛角尖,无人过问,也无人关心,现在的考古人员的工作是配合着全国人民文化的需要而推进着,并且迅速发展着。"这样事实的回答,使他恍然有所觉悟。毛主席早曾说过:"随同

---

[1] 原载《文物参考资料》1953年第3期,署名:梁思成讲,林徽因整理。

经济建设的高潮，必将同时出现一个文化建设的高潮。"文化建设是紧追着经济建设而来的，如影随形。整理民族古代文化遗产是发展新文化的必要条件，在文化建设的前夕而急需考古人员，正说明这一点。考古工作本身就是文化建设的一部分。经济建设正在蓬勃发展的时候，文化建设不可能不也欣欣向荣，有了新生命。今天我们这样迫切地需要这方面的大量技术人员，已开始举办考古工作人员训练班，就证明我们文化的新生命的到来，这意义是非常重大的。

有一次，来北京的英国访问团中有一位建筑师，他就告诉我：他一到了北京，就看到天安门、端门、午门等文物建筑正在大事修理，这就使他具体地了解到中国人民政权的方向和力量。在英国他所听到的都是说中国共产党要摒弃本国的一切旧文化，到了中国他才知道事实正和这种宣传相反；在中国一切都在原有的基础上发展起来，中国人民珍视他们祖先的丰富的遗产。你们看！我们的初步的文化工作就在国际上起极大的作用，使全世界知道我们是爱好和平，并有高度文化的民族。就能证明我们新制度不但是符合本国人民的利益，并且是符合全世界的和平人民的利益的，因为给人类带来幸福的就是和平与文化。

在讲为什么我们要保存过去时代里所创造的一些建筑物之前，先要明了：建筑是什么？

最简单地说，建筑就是人类盖的房子，为了解决他们生活上"住"的问题。那就是：解决他们安全食宿的地方，生产工作的地方，和娱乐休息的地方。"衣、食、住"自古是相提并论的，因为他们都是人类生活最基本的需要。为了这需要，人类才不断和自然作斗争。自古以来，为了安定的起居，为了便利的生产，在劳动创造中人们就也创造了房子。在文化高度发展的时代，要进行大规模的经济建设和文化建设，或加强国防，我们仍然都要先建筑很多为那些建设使用的房屋，然后才能进行其他工作。我们今天称它为"基本建设"，这个名称就恰当地表示房屋的性质是一切建设最基本的部分。

人类在劳动中不断创造新的经验、新的成果，由文明曙光时代开始在建筑方面的努力和其他生产的技术的发展总是平行并进的，和互相影响的。人们积累了数千年建造的经验，不断地在实践中，把建筑的技能和艺术提高，例如：了解木材的性能，泥土沙石在化学方面的变化，在思想方面的丰富，和对造型艺术方面的熟练，因而形成一种最高度综合性的创造。古文献记载："上古穴居野处，后世圣人易之以宫室，上栋下宇以蔽风雨。"从穴居到木构的建筑就是经过长期的努力，增加了经验，丰富了知识而来。所以：

（1）建筑是人类在生产活动中克服自然，改变自然的斗争的记录。这个建筑活动就必定包括人类掌握自然规律，发展自然科学的过程。在建造各种类型的房屋的实践中，人类认识了各种木材、石头、泥沙的性能，那就是这些材料在一定的结构情形下的物理规律,这样就掌握了最原始的材料力学。知道在什么位置上使用多大或多小的材料,怎样去处理它们间的互相联系,就掌握了最简单的土木工程学。其次,人们又发现了某些天然材料——特别是泥土与石沙等——在一定的条件下的化学规律,如经过水搅、火烧等,因此很早就发明了最基本的人工的建筑材料,如砖,如石灰,如灰浆等。发展到了近代,便包括了今天的玻璃、五金、洋灰、钢筋和人造木,等等,发展了化工的建筑材料工业。所以建筑工程学也就是自然科学的一个部门。

(2)建筑又是艺术创造。人类对他们所使用的生产工具、衣服、器皿、武器等,从石器时代的遗物中我们就可看出,在这些实用器物的实用要求之外,总要有某种加工,以满足美的要求,也就是文化的要求,在住屋也是一样。从古至今,人类在住屋上总是或多或少地下过功夫,以求造型上的美观。例如:自有史以来无数的民族,在不同的地方,不同的时代,同时在建筑艺术上,是继续不断地各自努力,从没有停止过的。

(3)建筑活动也反映当时的社会生活和当时的政治经济制度。如宫殿、庙宇、民居、仓库、城墙、堡垒、作坊、农舍,有的是直接为生产服务,有的是被统治阶级利用以巩固政权,有的被他们独占享受。如古代的奴隶主可以奴役数万人为他建筑高大的建筑物,以显示他的威权,坚固的防御建筑,以保护他的财产,古代的高坛、大台、陵墓都属于这种性质。在早期封建社会时代,如:吴王夫差"高其台榭以鸣得意",或晋平公"铜鞮之宫数里",汉初刘邦做了皇帝,萧何营未央宫,就明明白白地说:"天子以四海为家,非令壮丽无以重威",从这些例子就可以反映出当时的封建霸主剥削人民的财富,奴役人民的劳力,以增加他的威风的情形。在封建时代建筑的精华是集中在宫殿建筑和宗教建筑等等上,它是为统治阶级所利用以作为压迫人民的工具的;而在新民主主义和社会主义的人民政权时代,建筑就是为维护广大人民群众的利益和美好的生活而服务了。

(4)不同的民族的衣食、工具、器物、家具,都有不同的民族性格或民族特征。数千年来,每一民族,每一时代,在一定的自然环境和社会环境中,积累了世代的经验,都创造出自己的形式,各有其特征,建筑也是一样的。在器物等等方面,人们在科学方面采用了他们当时当地认为最方便最合用的材料,根据他们所能掌握的方法加以合理的处理成为习惯的手法,同时又在艺术方面加工做出他们认为最美观的纹样、体形和颜色,因而形成了普遍于一个地区一个民族的典型的范例,就成了那民族在工艺上的特征,成为那民族的民族形式。建筑也是一样。每个民族虽然在各个不同的时代里,所创造出的器物和建筑都不一样,但在同一个民族里,每个时代的特征总是一部分继续着前个时代的特征,另一部分发展着新生的方向,虽有变化而总是继承许多传统的特质,所以无论是哪一种工艺，包括建筑，不论属于什么时代，总是有它的一贯的民族精神的。

（5）建筑是人类一切造型创造中最庞大、最复杂也最耐久的一类，所以它所代表的民族思想和艺术，更显著、更多面也更重要。

从体积上看，人类创造的东西没有比建筑在体积上更大的了。古代的大工程如秦始皇时所建的阿房宫，"前殿阿房，东西五百步，南北五十丈，上可以坐万人，下可以建五丈旗"。记载数字虽不完全可靠，体积的庞大必无可疑。又如埃及金字塔高四百八十九英尺[1]，屹立沙漠中遥远可见。我们祖国的万里长城绵亘二千三百余公里，在地球上大约是一件最显著的东西。

从数量上说，有人的地方就必会有建筑物。人类聚居密度愈大的地方，建筑就愈多，它的类型也愈多变化，合起来就成为城市。世界上没有其他东西改变自然的面貌如建筑这么厉害。在这大数量的建筑物上所表现的历史艺术意义方面最多也就最为丰富。

从耐久性上说，建筑因是建造在土地上的，体积大，要承托很大的重量，建造起来不是易事，能将它建造起来总是付出很大的劳动力和物资财力的。所以一旦建筑成功，人们就不愿轻易移动或拆除它，因此被使用的期限总是尽可能地延长。能

---

[1] 1英尺=0.3048米。

抵御自然侵蚀，又不受人为破坏的建筑物，便能长久地被保存下来，成为罕贵的历史文物，成为各时代劳动人民创造力量、创造技术的真实证据。

（6）从建筑上可以反映建造它的时代和地方的多方面的生活状况，政治和经济制度，在文化方面，建筑也有最高度的代表性。例如封建时期各国的巍峨的宫殿，坚强的堡垒，不同程度的资本主义社会里的拥挤的工业区和紊乱的商业街市。中国过去的半殖民地半封建时期的通商口岸，充满西式的租界街市，和半西不中的中国买办势力地区内的各种建筑，都反映着当时的经济政治情况，也是显示帝国主义文化入侵中国的最真切的证据。

以上六点，不但说明建筑是什么，同时也说明了它是各民族文化的一种重要的代表。从考古方面考虑各时代建筑这问题时，实物得到保存，就是各时代所产生过的文化证据之得到保存。

可是我们的考古工作者不能不认识各种建筑的特征，尤其是中国建筑的特征。因为我们今天的考古还是为创造服务的，苏联建筑专家说：没有历史就没有理论，没有理论我们无法指导我们的新创造。中国建筑的特征是什么？中国建筑体系是中华民族数千年来世代经验的累积所创造的，这个体系分布到很广大的地区，西起葱岭，东至日本、朝鲜，南至越南、缅甸，北至黑龙江，包括蒙古人民共和国的区域在内。这些地区内的建筑和中国中心内的建筑，或是同属于一个体系，或是稍有差异如弟兄之同属于一家的关系。

至迟在公元前一千四百年左右，中国建筑体系就已经肯定地形成了，它的基本特征一直保留到了最近代。那就是：

（1）每一座个别的中国房屋都有三个主要部分：底下的砖造石造的台基，中间木构为主的房身，和两坡或四坡很舒展的屋顶，由多座这种的房屋围绕起来成一庭院，由很简单的农民住宅到极大的皇宫寺庙，都是如此。

（2）这个体系始终是以木材结构为主。房身这部分是以木材做立柱和横梁，成一副梁架，每一副梁架有两立柱和两层以上的横梁，每两副梁架之间用所谓"枋"和"桁"（或称檩子）的横木把它们互相牵联就成了一"间"房子的主要构架。

两柱间如用墙壁并不负重，也只是像"帷幕"一样用以隔断内外，或分划内部空间而已。所留门窗位置极为自由，由全部用墙壁，至全部用门窗都不妨碍负重问题；而房顶的重量总是全由立柱承担。

（3）在一副梁架上，在立柱和横梁的交叉处，在柱头上，加上一层层逐渐挑出称做"栱"的短木料，中间用称做"斗"的小木块垫着，柱头上这样的一种结构称做"斗栱"，它是用以减少立柱和横梁交接处的"剪力"，减轻梁折断的可能。同时这种斗栱可以由柱头虚挑出去承托上面其他的结构，最显著的如屋子外面的前檐，上层楼外的廊子，屋子内部的楼井栏杆等。

（4）梁架上的梁是多层的，上一层总比下一层短，两层中间小立柱总是逐层加高的，这称做"举架"。外面屋瓦的坡度就随着这举架由下部的平舒到近屋脊处的陡斜，成了和缓的曲线面。

（5）大胆地用朱红作为大建筑物立柱的主要颜色，并用彩色绘画图案来装饰木构架的上部结构，如：额枋、柱头和斗栱，不限内外都如此。

（6）所有结构部分的交接之处，大半露出，在它外表的形状上稍稍加工，成为建筑本身的装饰部分。如：梁头之成为蚂蚱头、麻叶头等和雀替之种种式样，或如屋脊、脊吻，或整组斗栱本身和窗门上的刻花图案都属于这一类。它们都是结构部分，而有极高的装饰效果的。

（7）建筑材料中的有色琉璃的砖瓦，除木上刻花和石面作浮雕之外，还在清水砖上加雕刻，也都是中国体系建筑的特征。

这一切特点我们可以叫它做建筑的"文法"。建筑和语言文字一样，一个民族总创造出他们所沿用的惯例成了法则。中国建筑如何组织木材成了梁架，成了斗栱，成了一个"开间"，成了一座独立建筑物的构架，如何用举架的比例求得屋顶的曲线轮廓，如何结束瓦顶，如何切削生硬的部分使成柔和的、曲面的、图案型的装饰物，都是我们建筑上一千几百年沿用下来的惯例原则，无论每种具体的实物怎样地千变万化，它们都遵循那种法则的范畴，有一定的方法和相互的关系，所以我们说它是一种建筑上的文法。至于梁、柱、枋、檩、门、窗、墙、瓦、槛、阶、栏杆、槅扇、斗栱、瓦饰、正房、厢廊、庭院、夹道，那就都是我们建筑上的"词汇"，是构成一组中国建筑的不可少的细部和因素。这种文法是从累积的实践的经验中总结出来的，提炼出来的，有一定的拘束性，但在其范围中又有极大的运用的自由。也如同做文章可有许多体裁，如诗、词、歌、赋、散文、小说，等等。建筑上也可有"小品"，如亭榭、小园，也可以有大文章，如宫殿、庙宇。但只要它们是中国的建筑，它们就必是遵守着一定的中国建筑文法的。运用这方法的规则，为了极不相同的需要表现绝不相同的体形和情感，也解决不相同的问题。这种文法是劳动人民在长期经验中产生出来而普遍遵守的法则和惯例，它是智慧的结晶和胜利果实的总结。它不是一时一人的创造，它是民族和地方的物质和精神条件下的产物。

其次，我们要了解中国建筑有哪一些类型。

（1）民居和象征政权的大建筑群，如衙署、府邸、宫殿，这些，基本上是同一类型，只有大小繁简之分。应该注意的是它们历史和艺术的价值，绝不在其大小繁简，而是在它们的年代、材料和做法上。

（2）宗教建筑。本来佛教初来的时候，隋、唐都有"舍宅为寺"的风气,各种寺院和衙署、府第没有大分别,但积渐有了宗教上的需要,和僧侣生活上的需要,而产生各种佛教寺院内的部署和体形,内中以佛塔为最突出。其他如道观,伊斯兰教的清真寺,和基督教的礼拜堂等,都各有它们的典型特征,和个别变化,不但反映历史上种种事实应予以注意,且有高度艺术上成就,有永久保存的价值。例如:各处充满雕刻和壁画的石窟寺,就有极高的艺术价值,又如前据报告,中国仅存的一个景教的景堂,就有极高的历史价值。此外中国无数的宝塔都是我们艺术的珍物。

(3)园林及其中附属建筑。园林的布局曲折上下,有山有水,衬以适当的怡神养性,感召精神的美丽建筑,是中国劳动人民所创造的辉煌艺术之一。北京城内的北海,城郊的颐和园、玉泉山、香山等原来的官苑,和长江以南苏州、无锡、杭州各地过去的私家园林,都是艺术杰作,有无比的历史和艺术价值。

(4)桥梁和水利工程。我国过去的劳动人民有极丰富的造桥经验,著名的赵州大石桥和卢沟桥等是人人都知道的伟大工程,而且也是艺术杰作。西南诸省有许多铁索桥,还有竹索桥,此外全国各地布满了大大小小的木桥和石桥,建造方法各各不同。在水利工程方面,如四川灌县的都江堰,云南昆明的松花坝,都是令人叹服的古代工程。在桥和坝两方面,国内的实物就有很多是表现出我国劳动人民伟大的智慧,有极高的文物价值的。

（5）陵墓。历代封建帝王和贵族所建造的坟墓都是规模宏大，内中用很坚固的工程和很丰富的装饰的。它们也反映出那时代的工艺美术，和工程技术的种种方面，所以也是重要的历史文物和艺术特征的参考资料。墓外前面大多有附属的点缀如华表、祭堂、小祠、石阙等。著名的如山东嘉祥的武梁石祠，四川渠县和绵阳，河南嵩山，西康雅安等地方都有不少石阙，寻常称"汉阙"，是在建筑上有高度艺术性的石造建筑物。并且上面还包含一些浮雕石刻，是当时的重要艺术表现。四川有许多地方有汉代遗留下来的崖墓，立在崖边，墓口如石窟寺的洞口，内部有些石刻的建筑部分，如有斗栱的石柱等，也是研究古代建筑的难得资料。

（6）防御工程。防御工程的目的在于防御，所以工程非常硕大坚固，自成一种类型，有它的特殊的雄劲的风格。如我们的万里长城，高低起伏地延伸到二千三百余公里，它绝不是一堆无意义的砖石，而是过去人类一种伟大的创作，有高度的工程造诣，有它的特殊严肃的艺术性的，无论近代的什么人见到它，都不可能不肃然起敬，就证明这一点了。如北京、西安的城，都有重大历史意义，也都是伟大的艺术创作。在它们淳朴雄厚的城墙之上，巍然高峙的宏大城楼，它们是全城风光所系的突出点，在它们近处望它能引起无限美感，使人们发生对过去劳动人民的热爱和景仰，产生极大的精神作用。

（7）市街点缀。中国的城市的街道上有许多美化那个地区的装饰性的建筑物，如钟楼、鼓楼，各种牌坊、街楼，大建筑物前面的辕门和影壁等。这些建筑物本来都是朴实的有用的类型，但却被封建时代的意识所采用：为迷信的因素服务，也为反动的道德标准如贞节观念、光荣门第等观念服务，但在原来用途上，如牌坊就本是各民坊人口的标识，辕门也是一个区域的界限，钟楼、鼓楼虽为了警告时间，但常常是市中心标识，所以都是需要艺术的塑形的。在中国各城市中这些建筑物多半发展出高度艺术性的形象，成了街市中美丽的点缀，为了它们的艺术价值，这些建筑物是应保存与慎重处理的。

（8）建筑的附属艺术，如壁画、彩画、雕刻、华表、狮子、石碑、宗教道具，等等，往往是和建筑分不开的。在记录或保管某个建筑物时，都要适当地注意到它的周围这些附属艺术品的地位和价值。有时它们只是历史资料，但很多例子它们本身都是艺术精品。

（9）城市的总体形和总布局。中国城市常是极有计划的城市，按照地形和历史的条件灵活地处理。街道的分布，大建筑物的耸立与衬托，市楼、公共场所、桥头、市中心和湖沼、堤岸，等等，常常是雄伟壮丽富于艺术性的安排，所做成的景物气氛给人以难忘的印象。与注意建筑文物的同时，也应该注意到有计划的或有意识的，城市布局的方面，摄影、测绘以示它的特点。尤其是今天中国的城市都在发展中，原有的优良秩序基础做成某一城某一市的特殊风格的，都应特别重视，以配合新的发展方向。

单单认识祖国各种建筑的类型，每种或每个地去欣赏它的艺术，估计它的历史价值，是不够的。考古工作者既有保管和研究文物建筑的任务，他们就必须先有一个建筑发展史的最低限度的知识。中国体系的建筑是怎样发展起来的呢？它是随着中国社会的发展而发展的。它是以各时代的一定的社会经济作基础的，既和当时的社会的生产力和生产关系分不开，也和当时占统治地位的世界观，也就是当时的人所接受所承认的思想意识分不开的。

试就中国历史的几个主要阶段和它当时的建筑提出来讲讲。例如：（一）商殷周到春秋战国；（二）秦汉到三国；（三）晋魏六朝；（四）隋唐到五代；（五）辽宋到金元；（六）明清两朝。

第一阶段：商殷周到春秋战国。商殷是奴隶社会时代，周初到春秋战国虽然已经有封建社会制度的特征，但基本上奴隶制度仍然存在，农奴和俘虏仍然是封建主的奴隶。奴隶主和封建初期的王侯，都拥有一切财富；他们的财产包括为他们劳动的人民——奴隶和俘虏。什么帝、什么王都迫使这些人民为他们建造他们所需要的建筑物。他们所需要的建筑是怎样的呢？多半是利用很多奴隶的劳动力筑起有庞大体积的建筑物。例如：因为他们要利用鬼神来迷惑为他们服劳役的人民，所以就要筑起祭祀用的神坛；因为他们时常出去狩猎，就要建造登高远望的高台。他们生前要给自己特别尊贵高大的房子，所谓"治宫室"以显示他们的统治地位，死的一定要极为奢侈坚固的地窖，所谓"造陵墓"，好保存他们的尸体，并且把生前的许多财物也陪葬在里面，满足他们死后仍能占有财产的观念。他们需要防御和他们敌对的民族或部落，他们就需要防御的堡垒、城垣和烽火台。虽然在殷的时代宫殿的结构还是很简单的，但比起更简单而原始的穴居时代，和初有木构的时代当然已有了极大的进步。到了周初，建筑工程的技术又进了一步。《诗经》上描写周初召来"司空""司徒"，证明也有了管工程的人，有了某种工程上的组织来进行建筑活动，所谓"营国筑室"也就是有计划地来建造一种城市。所谓"作庙翼翼"，立"皋门""应门"，等等，显然是对建筑物的结构、形状、类型和位置，都作了艺术性的处理。

到了春秋和战国时期，不但生产力提高，同时生产关系又有了若干转变。那时已有小农商贾，从事工艺的匠人也不全是以奴隶身份来工作的，一部分人民都从事各种手工业生产，墨子就是一个。又如记载上说"公输子之巧"，传说鲁班是木工中最巧的匠人，还可以证明当时个别熟练匠人虽仍是被剥削的劳动人民，但却因为他的"巧"而被一般人民重视的。在建筑上七国的燕、赵、楚、秦的封建主都是很奢侈的。所谓"高台榭""美宫室"的作风都很盛。依据记载，有人看见秦的宫室之后说:"使鬼为之,则劳神矣,使人为之,亦苦民矣。"这样的话,我们可以推断当时建筑技术必是比以前更进步的,同时仍然是要用许多人工的。

第二阶段:秦汉到三国。秦统一中国,秦始皇的建筑活动常见于记载,是很突出的,并且规模都极大,如:筑长城,铺驰道等。他还摹仿各处不同的宫殿,造在咸阳北陂上,先有宫室一百多处,还嫌不足,又建有名的阿房宫。宫的前殿据说是"东西五百步,南北五十丈,上可坐万人,下可立五丈旗",当然规模宏大。秦始皇还使工匠们造他的庞大而复杂的坟墓。在工程和建筑艺术方面,人民为了这些建筑物发挥智慧,必定又创造了许多新的经验。但统治者的剥削享乐和豪强兼并,土地集中在少数人手中,引起农民大反抗。秦末汉初,农民纷纷起义,项羽打到咸阳时,就放火烧掉秦宫殿,火三月不灭。在建筑上,人民的财富和技术的精华常常被认为是代表统治者的贪心和残酷的东西,在斗争中被毁灭了去,项羽烧秦宫室便是个最早、最典型的例子。

汉初,刘邦取得胜利又统一了中国之后,仍然用封建制度,自居于统治地位。他的子孙一代代由西汉到东汉又都是很奢侈的帝王,不断为自己建造宫殿和离宫别馆。据汉史记载:汉都长安城中的大宫,就有有名的未央宫、长乐宫、建章宫、北宫、桂宫和明光宫等,都是庞大无比的建造。在两汉文学作品中更有许多关于建筑的描写,歌颂当时的建筑上的艺术和它们华丽丰富的形象的。例如：有名的《鲁灵光殿赋》《两都赋》《两京赋》，等等。在实物上，今天还存在着汉墓前面的所谓"石阙""石祠"，在祠坛上有石刻壁画（在四川、山东和河南省都有），还有在悬立的石崖上凿出的"崖墓"。此外还有殉葬用的"明器"（它们中很多是陶制的各种房屋模型），和墓中有花纹图案的大空心砖块和砖柱。所以对于汉代建筑的真实形象和细部手法，我们在今天还可以看出一个梗概来。汉代的工商业兴盛，人口增加，又开拓疆土，向外贸易，发展了灿烂的早期封建文化；大都市布满全国，只是因为皇帝、贵族、官僚、地主、商人和豪强都一齐向农民和手工业工人进行剥削和超经济的暴力压榨。汉末，经过长时期的破坏，饥民起义和军阀割据的互相残杀到了可怕的程度，最富庶的地方，都遭到剧烈的破坏，两京周围几百里彻底的被毁灭了，黄河人口集中的地区竟是"千里无人烟"或到了"人相食"的地步。汉建筑的精华和全面的形象所达到的水平，绝不是今天这一点剩余的实物所能够代表的。我们所了解的汉代建筑，仍然是极少的。

由三国或晋初的遗物上看来，汉末已成熟的文化艺术，虽经浩劫，一些主要传统和特征仍然延续留传下来。所谓三国，在地区上除却魏在华北外，中国文化中心已分布在东南沿长江的吴，和在西南四川山岳地带盆地中的蜀，汉代建筑和各种工艺是在很不同的情形下得到保存或发展的。长安、洛阳两都的原有精华，却是被破坏无遗。但在战争中人民虽已穷困，统治者匆匆忙忙地却还不时兴工建造一些台榭取乐，曹操的铜雀台，就是有名的例子。在艺术上，三国时代基本上还是汉风的尾声。

第三阶段：晋魏六朝。汉的文化艺术经过大劫延续到了晋初，因为逐渐有由西域进入的外来影响，艺术作风上产生了很多新的因素。在成熟的汉的手法上，发展了比较和缓而极丰富的变化。但是到了北魏，经过中间的一个大混乱时期，北方外来民族侵入中原，占据统治地位，并且带来大量的和中国文化不同体系的艺术影响，中国的工艺和建筑活动，便突然起了更大的变化。石虎和赫连勃勃两个北方民族的统治者进入中国之后，都大建宫殿，这些建筑，只见于文献记载，没有实物作证，形式手法到底如何，不得而知。我们可以推想木构的建筑，变化很小，当时的技术工人基本是汉族人民，但用石料刻莲花建浴室等，有很多是外来影响。北魏的统治者是鲜卑族，建都在大同时凿了云冈的大石窟寺，最初式样曾倚赖西域僧人，所以由刻像到花纹都带着浓重的西域和印度的手法情调。迁都到了洛阳之后，又造龙门石窟。时中国匠人对于雕刻佛像和佛教故事已很熟练，艺术风格就是在中国的原有艺术上吸取了外来影响，尝试了自己的创造。虽然题材仍然是外来的佛教，而在表现手法上却有强烈的中国传统艺术的气息和作风。建筑活动到了这时期，除却帝王的宫殿之外，最主要的主题是宗教建筑物。如：寺院、庙宇、石窟寺或摩崖造像、木塔、砖塔、石塔,等等,都有许多杰出的新创造。希腊、波斯艺术在印度所产生的影响,又由佛教传到中国来。在木构建筑物方面,外国影响始终不大,只在原有结构上或平面布局上加以某些变革来解决佛教所需要的内容。最显明的例子就是塔。当时的塔基本上是汉代的"重屋",也就是多层的小楼阁,上面加了佛教的象征物,如塔顶上的"覆钵"和"相轮"(这个部分在塔尖上称作"刹",就是个缩小的印度的墓塔,中国译音的名称是"窣堵坡"或"塔婆")。除了塔之外,当时的寺院根本和其他非宗教的中国院落和殿堂建筑没有分别,只是内部的作用改变了性质,因是为佛教服务的,所以凡是艺术、装饰和壁画等,主要都是传达宗教思想的题材。那时劳动人民渗入自己虔诚的宗教热情,创造了活跃而辉煌的艺术。这时期里,比木构耐久的石造和砖造的建筑和雕刻,保存到今天的还很多,都是今天国内最可贵的文物,它们主要代表雕刻,但附带也有表现当时建筑的。如敦煌、云冈、龙门、南北响堂山、天龙山等著名的石窟,和与它们同时的个别小型的"造像石"。还有独立的建筑物,如:嵩山嵩岳寺砖塔,和山东济南郊外的四门塔。当时的木构建筑,因种种不利的条件,没有保存到现在的。南朝佛教的精华,大多数是木构的,但现时也没有一个存在的实物,现时所见只有陵墓前的石刻华表和狮子等。南北朝时期中木构建筑只有一座木塔,在文献中描写得极为仔细,那就是著名的北魏洛阳"胡太后木塔"。这篇写实的记载给了我们很多可贵的很具体的资料，供我们参考，且可以和隋唐以后的木构及塔型作比较的。

第四阶段：隋唐五代辽。在南北朝割据的局势不断的战争之后，隋又统一中国，土地的重新分配，提高了生产力，所以在唐中叶之前，称为太平盛世。当时统治阶级充分利用宗教力量来帮助他们统治人民，所以极力提倡佛教，而人民在痛苦之中，依赖佛教超度来生的幻想来排除痛苦，也极需要宗教的安慰，所以佛教愈盛行，则建寺造塔，到处是宗教建筑的活动。同时，为统治阶级所喜欢的道教的势力，也因为得到封建主的支持，而活跃起来。金碧辉煌的佛堂和道观布满了中国，当时的工匠都将热情和力量投入许多艺术创造中，如：绘画、雕刻、丝织品、金银器物，等等。建筑艺术在那时是达到高度的完美。由于文化的兴盛，又由于宗教建筑物普遍于各地，熟练工匠的数目增加，传播给徒弟的机会也多起来。建筑上各部做法和所累积和修正的经验，积渐总结，成为制度，凝固下来。唐代建筑物在塑型上，在细部的处理上，在装饰纹样上，在木刻石刻的手法上，在取得外轮线的柔和或稳定的效果上，都已有极谨严、极美妙的方法，成为那时代的特征。五代和辽的实物基本上是承继唐代所凝固的风格及做法，就是宋初的大建筑和唐末的作风也仍然非常接近。毫无疑问的，唐中叶以前，中国建筑艺术达到了一个艺术高峰，在以后的宋、元、明、清几次的封建文化高潮时期，都没有能再和它相比的。追究起来，最大原因是当时来自人民的宗教艺术多样性的创造，正发扬到灿烂的顶点,封建统治阶级只是夺取这些艺术活力为他们的政权和宫廷享乐生活服务,用庞大的政治经济实力支持它,庞大宫殿、苑囿、离宫、别馆都是劳动人民所创造。一直到了人民又被压榨得饥寒交迫,穷困不堪,而统治者腐化昏庸,贪欲无穷,经济军事实力,已不能维持自己政权。边区的其他政权和外族侵略威胁愈来愈厉害的时期,农民的起义和反抗愈剧烈,劳动人民对于建筑艺术才绝无创造的兴趣。这样时期,对统治者的建造都只是被迫着供驱役、赖着熟练技术工人维持着传统手法而已。政权中心的都城长安城中,繁荣和破坏力量,恰是两个极端。但一直到唐末,全国各处对于宗教建筑的态度,却始终不同。人民被宗教的幻想幸福所欺骗,仍然不失掉自己的热心,艺术的精心作品,仍时常在寺院、佛塔、佛像、雕刻上表现出来。

第五阶段:宋、金、元。宋初的建筑也是五代唐末的格式,同辽的建筑也无大区别。但到了公元1000年(宋真宗)前后,因为在运河经疏浚后和江南通航,工商业大大发展,宋都汴梁(今开封),公私建造都极旺盛,建筑匠人的创造力又发挥起来,手法开始倾向细致柔美,对于建筑物每单位的塑形,更敏感、更注意了。各种的阁、各种的楼都极窈窕多姿,作为北宋首都和文化中心的汴梁,是介于南北两种不同的建筑倾向的中间,同时受到南方的秀丽和北方的壮硕风格的影响。这时期宋都的建筑式样,可以说:或多或少的是南北作风的结合,并且也起了为南北两系作媒介的作用。汴京当时多用重楼飞阁一类的组合,如:《东京梦华录》中所描写的樊楼等。宫中游宴的后苑中,藏书楼阁每代都有建造,寺观中华美的楼阁也占极重要的位置,它们大略的风格和姿态,我们还能从许多宋画中见到,最写实的,有:黄鹤楼图、滕王阁图、金明池图,等等。日本的镰仓时期的建筑,也很受我们宋代这时期建筑的影响。有一主要特征,就是歇山山花间前的抱厦,这格式宋以后除了金、元有几个例子外,几乎不见了。当时却是普遍的作风。今天北京故宫紫禁城的角楼,就是这种式样的遗风。北宋之后,文化中心南移,南京的建筑,一方面受到北宋官式制度的影响,一方面又有南方自然环境材料的因素和手法与传统的一定条件,所发展出的建筑,又另有它的特征,和北宋的建筑不很相同了。在气魄方面失去唐全盛时的雄伟,但在绮丽和美好的加工方面,宋代有极大贡献。

金元都是游牧民族入侵的时代,因为金的女贞族,和元的蒙古族当时都是文化落后许多的游牧民族,对于汉族人民是以俘虏和奴隶来对待的。就是对于技术匠人的重视,也是以掠夺来的战利品看待他们,驱役他们给统治者工作。并且金元的建设都是在经过一个破坏时期之后,在那情形下,工艺水平降低很多,始终不能恢复到宋全盛时期的水平。金的建筑在外表形式上或仿汴梁宫殿,或仿南宋纤细作风,不一定尊重传统,常常窜改结构上的组合,反而放弃宋代原来较简单合理和优美的做法，而增加繁琐无用的部分。我们可以由金代的殿堂实物上看出它们许多不如宋代的地方。据南宋人记录，金中都的宫殿是"穷极工巧"，但"制度不经"，意思就是说金的统治者在建造上是尽量浪费奢侈，但制度形式不遵循传统，相当混乱。但金人自己没有高度文化传统，一切接受汉族制度，当时金的"中都"的规模就是模仿北宋汴梁，因此保存了宋的宫城布局的许多特点。这种格式可由元代承继下来传到明清，一直保存到今天。

元的统治时期，中国版图空前扩大，跨着欧亚两洲，大陆上的交通，使中国和欧洲有若干文化上的交流。但是统治者剥削人民财富，征税极为苛刻，对汉族又特别压迫和奴役，经济力是衰疲的，只有江浙的工商业情形稍好。人民虽然困苦不堪，宫殿建筑和宗教建筑（当时以藏传佛教为主）仍然很侈大。当时陆路和海路常有外族的人才来到中国，在建筑上也曾有一些阿拉伯、波斯等族的影响，如在忽必烈的宫中引水作喷泉，又在砖造的建筑上用彩色的琉璃砖瓦等。在元代的遗物中，最辉煌的实例，就是北京内城有计划的布局规模，它是总结了历代都城的优良传统，参考了中国古代帝都规模，又按照北京的特殊地形、水利的实际情况而设计的。今天它已是祖国最可骄傲的一个美丽壮伟的城市格局。元的木构建筑，经过明清两代建设之后，实物保存到今天的，国内还有若干处，但北京城内只有可怀疑的与已毁坏而无条件重修的一两处，所以元代原物已是很可贵的研究资料。从我们所见到的几座实物看来，它们在手法上还有许多是宋代遗制，经过金朝的变革的具体例子。如工字殿，和山花向前的作风等。

第六阶段：明、清。明代推翻元的统治政权，是民族复兴的强烈力量。最初朱元璋首都设在南京，派人将北京元故宫毁去，元代建筑的精华因此损失殆尽。在南京征发全国工匠二十余万人建造宫殿，规模很宏壮，并且特别强调中国原有的宗教礼节，如天子的郊祀（祭天地和五谷的神），所以对坛庙制度很认真。四十年后，朱棣（明永乐）迁回北京建都，又在元大都城的基础上重新建设。今天北京的故宫大体是明初的建设。虽然绝大部分的个别殿堂，都由清代重建了，明原物还剩了几个完整的组群和个别的大殿几座。社稷坛、太庙（即现在的中山公园、劳动人民文化宫）和天坛，都是明代首创的宏丽的大建筑组群，尤其是天坛的规模和体形是个杰作。明初民气旺盛，是封建经济复兴时期，汉族匠工由半奴隶的情况下改善了，成为手工业技术匠师，工人的创造力大大提高，工商业的进步超越过去任何时期。在建筑上，表现在气魄庄严的大建筑组群上。应用壮硕的好木料，和认真的工程手艺。工艺的精确端整是明的特征。明代墙垣都用临清砖，重要建筑都用楠木柱子，木工石刻都精确不苟，结构都交代得完整妥帖，外表造型朴实壮大而较清代的柔和。梁架用料比宋式规定大得多，瓦坡比宋斜陡，但宋代以来，缓和弧线有一些仍被采用在个别建筑上，如角柱的升高一点使瓦檐四角微微翘起,或如柱头的"卷杀",使柱子轮廓柔和许多等等的造法和处理。但在金以后,最显著的一个转变就是除在结构方面有承托负重的作用外,还强调斗栱在装饰方面的作用,在前檐两柱之间把它们增多,每个斗栱同建筑物的比例也缩小了,成为前檐一横列的装饰物。明、清的斗栱都是密集的小型,不像辽金宋的那样疏朗而硕大的。

明初洪武和永乐的建设规模都宏大。永乐以后太监当权,政治腐败,封建主昏庸无力,知识分子的宰臣都是没有气魄远见、只争小事的。明代文人所领导的艺术的表现,都远不如唐宋的精神。但明代的工业非常发达,建筑一方面由老匠师掌握,一方面由政府官僚监督,按官式规制建造,没有蓬勃的创造性,只是在工艺上非常工整。明中叶以后,寺庙很多是为贪污的阉官祝福而建的,如魏忠贤的生祠等。像这种的建筑,匠师多墨守成规,推敲细节,没有气魄的表现。而在全国各地的手工业作坊和城市的民房倒有很多是达到高度水平的老实工程。全部砖造的建筑和以高度技巧使用琉璃瓦的建筑物也逐渐发展。技术方面有很多的进展。明代的建筑实物到今天已是三五百年的结构,大部分都是很可宝贵的,有一部分尤其是极值得研究的艺术。

明清两代的建筑形制非常近似。清初入关以后,在玄烨(康熙)、胤禛(雍正)的年代里由统治阶级指定修造的建筑物都是体形健壮、气魄宏大的,小部留有明代一些手法上的特征,如北京郑王府之类；但大半都较明代建筑生硬笨重，尤其是柁梁用料过于侈大，在比例上不合理，在结构上是浪费的。到了弘历（乾隆），他聚敛了大量人民的财富，尽情享受，并且因官廷趣味处在领导地位，自从他到了江南以后，喜爱南方的风景和建筑，故意要工匠仿南式风格和手法，采用许多曲折布置和纤巧图案，产生所谓"苏式"的彩画，等等。因为工匠迎合统治阶级的趣味，所以在这期以后的许多建筑造法和清初的区别，正和北宋末崇宁间刊行《营造法式》时期和北宋初期建筑一样，多半是细节加工，在着重巧制花纹的方面用功夫，因而产生了许多玲珑小巧、萎靡繁琐的作风。这种偏向多出现在小型建筑或庭园建筑上。由圆明园的亭台楼阁开始，普遍地发展到府第店楼，影响了清末一切建筑。但清宫苑中的许多庭园建筑，却又有很多恰好是庄严平稳的宫廷建筑物，采取了江南建筑和自然风景配合的灵活布局的优良例子，如颐和园的谐趣园的整个组群和北海琼华岛北面游廊和静心斋等。

在这时期，中国建筑忽然来了一种摹仿西洋的趋势，这也是开始于官廷猎取新奇的心理，由圆明园建造的"西洋楼"开端。当时所谓西洋影响，主要是摹仿意大利文艺复兴的古典楼面，圆头发券窗子，柱头雕花的罗马柱子，彩色的玻璃，蚌壳卷草的雕刻和西式石柱、栏杆、花盆、墩子、狮子、圆球等各种缀饰。这些东西，最初在圆明园所用的，虽曾用琉璃瓦特别烧制，由意大利人郎世宁监造；但一般的这种格式花纹多用砖刻出，如恭王府花园和三海中的一些建筑物。北京西郊公园的大门也是一个典型例子，其他则在各城市的店楼门面上最易见到。颐和园中的石舫就是这种风格的代表。中国建筑在体形上到此已开始呈现庞杂混乱的现象，且已是崇外思想在建筑上表现出来的先声。当时宫廷是由猎奇而爱慕西方商品货物，对西方文化并无认识。到了鸦片战争以后，帝国主义武力侵略各口岸城市，产生买办阶级的媚外崇洋思想，和民族自卑心理的时期，英美各国是以蛮横的态度，在我们祖国土地上建造适于他们的生活习惯的和殖民地化我们的房屋的。由广州城外的"十三行"和澳门葡萄牙商人所建造的房屋开始，形形色色的洋房洋楼便大量建造起来。祖国的建筑传统、艺术传统，城市的和谐一致的面貌，从此才大量被破坏了。近三十年来中国的建筑设计转到知识分子手里，他们都是或留学欧美，或间接学欧美的建筑的。他们将各国的各时代建筑原封不动的搬到中国城市中来，并且竟鄙视自己的文化、自己固有的建筑和艺术传统，又在思想上做了西洋资本主义国家近代各流派建筑理论的俘虏。解放后经过爱国主义的学习才逐渐认识到祖国传统的伟大。祖国的建筑是祖国过去的劳动人民在长期劳动中智慧的结晶，是我们一份极可骄傲的、辉煌的艺术遗产。这个认识及时地纠正了前一些年代里许多人对祖国建筑遗物的轻视和破坏，但是保护建筑文物的工作不过刚刚开始，摆在我们面前的任务是很多很艰巨的。

最后让我再严重地指出爱护古建筑的意义,千万不要忘记毛主席在《新民主主义论》中所说的:"中国的长期封建社会中,创造了灿烂的古代文化。因此清理古代文化的发展过程,剔除其封建性的糟粕,吸收其民主性的精华,是发展民族新文化提高民族自信心的必要条件。"这是毛主席交给我们考古工作者的任务。这个任务之完成是多方面的。首先我们要为发展新建筑创造条件。毛主席告诉我们"中国现时的新文化也是从古代的旧文化发展而来"的,因此,中国现时的新建筑也必是从古代的旧建筑发展而来的。因此,建筑师们必须认识和掌握旧建筑的特征和规律,然后才能进行自由创造。所以他们需要考古人员的帮助。因此我们要搜集古建筑实物,研究它们,把我们研究的结果供给建筑师们。这是为创造新中国建筑的设计建筑师们服务的。

其次是在今后所有城市的发展改建中,我们必然要遭到旧的和新的之间、现在和将来之间的矛盾的问题。具有重要历史艺术价值的文物必须保存,但是有些价值较差的,或是可能妨碍发展的旧建筑是可能被拆除的,因此这也是一种"清理、剔除、吸收"的工作,必须慎重从事。在这工作中,我们要注重历史价值和艺术价值。富有代表性和说明性的文物就是富有历史价值的。有许多建筑曾为封建帝王或官僚地主所有,但它的本身却是劳动人民劳动的果实。我们也要重视文物本身的艺术价值。例如北京的天安门、故宫、太庙(劳动人民文化宫),它们的艺术价值是全世界公认的；它们过去是封建主所有的，今天已都是人民自己的珍宝了。对于建筑的评价，在改建城市的工作中是极重要的，评价的任务往往须由我们考古工作者担负起来。因此我们必须认清造成某一建筑物的时代背景和历史条件，认识它的艺术价值，不能凭主观出发。近代的高大的建筑不一定比某些古代的小建筑有价值；石头的不一定就比砖木的好。我们不应该以现代的尺度去衡量古代建筑的价值，正如李四光先生所说："难道我们要以建造爱菲尔铁塔的方式来研究万里长城吗？"一座文物建筑一旦被盲目拆毁，我们是永远不能把它偿还给我们的子孙的。但是我们绝不应将一切古建筑"生吞活剥的毫无批判的吸收"，也"不是颂古非今，不是赞扬任何封建的毒素"，而是"给历史以一定的科学的地位，是尊重历史的辩证法的发展"，"主要的不是要引导他们——（人民群众）——向后看，而是要引导他们向前看"。在一座城市的发展和改建的工作中，考古工作者对于过去要负责，对于将来更要负责。

这个任务的另一方面是文物建筑的修缮问题。我们要避免不知道古建筑的结构而修理古建筑。我希望同志们多做历史研究工作，从形式上、结构上、材料上、雕饰上、总的部署上去认识时代的和地方的特征，做各种各样多方面的比较研究。千万不要一番好意去修缮古文物建筑，因为这方面知识不够，反而损害了它。

汉代建筑特征之分析[1]

阶基 阶基为中国建筑三大部分之一。其在汉代,未央宫前殿,"疏龙首山以为殿台";"重轩三阶",文献可稽。川、康诸阙亦有下以阶基承托,阶基四周刻作若干矮柱及斗者。画像石中,厅堂及阙下亦多有阶基,亦用矮柱以承阶面,柱与柱之间刻水平横线,殆以表示砖缝。直至唐五代,此法尚极通行。

柱及础 彭山崖墓中柱多八角形,间亦有方者,均肥短而收杀急。柱之高者,其高仅及柱下径之3.36倍,短者仅1.4倍。柱上或施斗栱,或仅施大斗,柱下之础石多方形,雕琢均极粗鲁。孝堂山石室正中亦立一八角柱,高为径之3.14倍,上下同径无收杀。其上施大斗一枚,其下以同形之斗覆置为础。出土汉墓砖中亦有上有斗下有斗形础之圆柱或八角柱,殆即此类柱之砖制者;但较为修长,其高可及径之五六倍。画像石中所见

---

[1] 参阅《中国营造学社汇刊》第五卷第二期,鲍鼎、刘敦桢、梁思成《汉代建筑式样与装饰》。

柱，难以判其为方为圆，柱下之础石，似有向上凸起而将柱底凹入，使相卯合者。汉代若果有此法，虽可使柱稳定，然若上面重量过大或重心偏倚，则易使柱破裂，故后代无用此法者。

门窗 门之实物存者唯墓门。彭山墓门门框均方头，其上及两侧均起线两层。石门扇亦有出土者，均极厚而短，盖材料使然也。门上刻铺首，作饕餮衔环图案。明器所示，则门框多极清晰，门扇亦有做作首者。函谷关东门画石，则门之两侧有腰枋及余塞板，门扉双合，扉各有铺首门环。明、清所常见之门制，大体至汉代已形成矣。

窗之形状见于明器者，以长方形为多，间亦有三角、圆形或他种形状者。窗棂以斜方格为最普通，间有窗棂另做成如笼，扣于窗外者。彭山崖墓中有窗一处，为唯一之实例，其窗棂则为垂直密列之直棂。

平坐与栏杆 画像石与明器中之楼阁，均多有栏杆，多设于平坐之上。而平坐之下，或用斗栱承托，或直接与腰檐承接。后世所通用之平坐，在汉代确已形成。栏杆样式以矮柱及横木构成者最普通，亦有用连环或其他几何形者。函谷关东门图所见，则已近乎后世之做法与权衡矣。

斗栱 汉斗栱实物，见于崖墓、石阙及石室。彭山崖墓墓室内八角柱上多有斗栱，柱头上施栌斗（即大斗），其上安栱，两头各施散斗一；栱心之上，出一小方块，如枋头。斗下或有皿板，为唐以后所不见，而在云冈石窟及日本飞鸟时代实物中则尚见之。栱之形有两种，或简单向上弯起，为圆和之曲线，或为斜杀之直线以相连，殆即后世分瓣卷杀之初型，如魏、唐以后通常所见；或弯作两相对顶之S字形，亦见于石阙，而为后世所不见，在真正木构上究否制成此形，尚待考也。川、康诸石阙所刻斗栱，则均于栌斗下立短柱，施于额枋上。栱之形式亦有上述单弯与复弯两种；栱心之上或出小枋头或不出，斗下皿板则不见。朱鲔石室残址尚存石斗栱一朵，乃以简单弯栱托两散斗者，与后世斗栱形制较为相近。

明器中有斗栱者甚多，每自墙壁出栱或梁以挑承栌斗，其上施栱，间亦有柱上施栌斗者。"一斗三升"颇常见。又有散斗之上，更施较长之栱一层者，即后世所谓重栱之制。散斗之上又有施替木者。其转角处则挑出角枋，上施斗栱，抹角斜置，并无角栱。

画像石中所见斗栱多极程式化，然其基本单位则清晰可稽。其组合有一斗二升或三升者，有单栱或重栱者；有出跳至三四跳者；其位置则有在柱头或补间者。

综观上述诸例，可知远在汉代，斗栱之形式确已形成，其结构当较后世简单。在转角处，两面斗栱如何交接，似尚未获圆满之解决法。至于后世以栱身之大小定建筑物全身比例之标准，则遗物之中尚无痕迹可寻也。

构架 川、康诸阙，在阙身以上，檐及斗栱以下，刻作多数交叠之枋头，可借以略知其用材之法。朱鲔墓址所遗残石一块,三角形,上刻叉手,叉手之上刻两斗。其原位置乃以承石室顶板者。日本京都法隆寺飞鸟时代回廊及五台山佛光寺大殿,均用此式结构,汉代建筑内部结构之实物,仅此一例而已[1]。

屋顶与瓦饰 中国屋顶式样有四阿(清式称"庑殿")、九脊(清称"歇山")、不厦两头(清称"悬山")、硬山、攒尖五种。汉代五种均已备矣。四阿、不厦两头、硬山见于画像石及明器者甚多。攒尖则多见于望楼之顶。九脊顶较少见,唯纽约博物院藏明器一例,乃由不厦两头四周绕以腰檐合成,二者之间成阶级形,不似后世之前后合成一坡者。此式实例,至元代之山西霍县东福昌寺大殿尚如此,然极罕见也。重檐之制见于墓砖,其实例则雅安高颐阙。汉代遗物之中,虽大多屋顶坡面及檐口均为直线,然屋坡反宇者,明器中亦偶见之。班固《西都赋》所谓"上反宇以盖载,激日景而纳光",固以为汉代所通用之结构法也。嵩山太室石阙,将近角瓦陇微提高,是翘角之最古实例。

檐端结构,石阙所示,由角梁及椽承托;椽之排列有与瓦陇平行者,有翼角展开者,椽之前端已有卷杀,如后世所常见。

屋顶两坡相交之缝,均用脊覆盖,脊多平直,但亦有两端

1　Wilma C. Fairbank, A Structural Key to Han Mural Art, *Harvard Journal of Asiatic Studies*, Vol. 7, No. 1.

翘起者。脊端以瓦当相叠为饰，或翘起或伸出，正式鸱尾则未见也。

汉瓦有筒瓦、板瓦两种，石阙及明器所示多二者并用，如后世所常见，汉瓦无釉，而有涂石灰地以着色之法。瓦当圆形者多，间亦有半圆者，瓦当纹饰有文字、动物、植物三种，当于雕饰题下论之。

砖作 汉代用砖实例均见于墓中。墓壁砌法，或以卧、立层相间，或立砖一层、卧砖二三层；而各层之间，丁砖与顺砖又相间砌，以保持联络。用画像砖之墓，则如近代用"面砖"之法，以画像之面向外。

墓室顶部穹窿之结构，有以平砌之砖逐层叠涩者，亦有真正发券者，前者多见于辽东高丽，后者则中原及巴蜀所常见也。

砖之种类：有普通砖，通常砌墙之用；发券砖，上大而下小；地砖，大抵均方形；空心砖则制成柱梁等各种形状；并长方条、长方块、三角块，等等，其用途殆亦砌作墓室者也。

雕饰 崖墓门上、石阙檐下斗栱枋柱间、石室内壁面，为建筑雕饰实例所在，其他出土工艺品如铜器、漆器等，亦可略窥其装饰之一斑。建筑雕饰可分为三大类：雕刻、绘画及镶嵌。四川石阙斗栱间之人兽、阙身之四神、枋角之角神及墓门上各种鱼兽人物之浮雕，属于第一类。绘画装饰，史籍所载甚多，石室内壁之"画像"殆即以雕刻代表绘画者。其图案与色彩，则于出土漆器上可略得其印象。至于第三类则如古籍所谓饰以"黄金釭，函蓝田璧，明珠翠羽"之类，以金玉珍异为饰者也。

雕饰之题材，则可分为人物、动物、植物、文字、几何纹、云气等。

人物或用结构部分之装饰，如石阙之角神，但石室壁面，则多以叙史、纪功，武氏祠画像图案多程式化，朱鲔祠则极自然写实。动物以苍龙、白虎、朱雀、玄武四神为最常见，川、康诸阙有高度写生而强劲有力之龙虎，四神瓦当传世者亦多。此外如马、鹿、鱼等皆汉人喜用之装饰母题也。植物纹有藻纹、莲花、葡萄、卷草、蕨纹、树木等，或画之壁，或印之瓦当。文字多用于砖瓦铭刻，汉瓦当之以文字为饰者尤多。几何纹则有锯齿纹、波纹、钱纹、绳纹、菱纹、S纹，等等。自然云气，见于武氏祠；董贤宅"柱壁皆画云气花卉"，殆此类也。

南北朝建筑特征之分析

南北朝建筑已具备后世建筑所有之各型，兹择要叙述如下：

石窟 敦煌石室平面多方形，室之本身除窟口之木廊外，无建筑式样之镌凿，盖因敦煌石质不宜于雕刻也。云冈、天龙山、响堂山，均富于建筑趣味，龙门则稍逊。前三者皆于窟室前凿为前廊；廊有两柱，天龙、响堂并将柱额斗栱忠实雕成，模仿当时木构形状，窟内壁面，则云冈、龙门皆满布龛像，不留空隙，呈现杂乱无章之状，不若天龙、响堂之素净。由建筑图案观点着眼，齐代诸窟之作者似较魏窟作者之建筑意识为强也。

殿 关于魏、齐木构殿宇之唯一资料为云冈诸窟之浮雕及北齐石柱上之小殿。殿均以柱构成，云冈浮雕且有斗栱，石柱小殿则仅在柱上施斗。殿屋顶四柱，殿宇其他各部当于下文分别论之。

塔 塔本为瘗佛骨之所，梵语曰"窣堵坡"（Stupa），译义为坟、冢、灵庙。其在印度大多为半圆球形冢，而上立刹者。及其传至中国，于汉末三国时代，"上累金盘，下为重楼"，殆即以印度之窣堵坡置于中国原有之重楼之上，遂产生南北朝所最通常之木塔。今国内虽已无此实例，然日本奈良法隆寺五重塔、云冈塔洞中之塔柱及壁上浮雕及敦煌壁画中所见皆此类也。云冈窟壁及天龙山浮雕所见尚有单层塔，塔身一面设龛或辟门者，其实物即神通寺四门塔，为后世多数墓塔之始型。嵩山嵩岳寺塔之出现，颇突如其来，其肇源颇耐人寻味，然后世单层多檐塔，实以此塔为始型。塔之平面，自魏以至唐开元、天宝之交，除此塔及佛光寺塔外，均为方形；然此塔之十二角亦孤例也。佛光寺塔亦为国内孤例，或可谓为多层之始型也。

至于此时期建筑各部细节，则分论如下。

阶基　现存南北朝建筑实物中，神通寺塔与佛光塔均无阶基，嵩岳寺塔之阶基是否原物颇可疑，故关于此问题，仅能求之间接资料中，云冈窟壁浮雕塔殿均有阶基。其塔基或平素，或叠涩作须弥座。佛迹图所示殿门有方平阶基，上有栏杆，正面中央为踏步。定兴义慈惠石柱上小殿之下，亦承以方素之阶基。其宽度较逊于檐出，与后世通常做法相同。

柱及础　北魏及北齐石窟柱多八角形，柱身均收分，上小下大，而无卷杀。当心间之平柱，以坐兽或覆莲为础，两侧柱则用覆盆。柱头之上施栌斗以承阑额及斗栱。柱身并础及栌斗之高，约及柱下径之五倍乃至七倍，较汉崖墓中柱为清秀。尚有呈现显著之西方影响之柱数种：窟外室外廊柱下作高座，叠涩如须弥座，座上四角出忍冬草，向上承包柱脚，草中间置飞仙，柱头作大斗形，柱身列多数小龛，每龛雕一小佛像。又有印度式柱，柱脚以忍冬或莲瓣包饰四角，柱头或施斗，如须弥座形，或饰以覆莲，柱身中段束以仰覆莲花。云冈佛龛柱更有以两卷耳为柱头之例，无疑为希腊爱奥尼克柱式之东来者。

嵩岳寺塔，柱础作覆盆，柱头饰以垂莲，显然印度风。柱身上下同大，高约合径七倍余，佛光寺塔圆柱，束以莲瓣三道，亦印度风也。

定兴北齐石柱小殿之柱，则为梭柱；有显著之卷杀，柱径最大处，约在柱高三分之一处，此点以下，柱身微收小，以上亦渐渐收小，约至柱高一半之处，柱径复与底径等，愈上则收分愈甚。此式实物国内已少见，日本奈良法隆寺中门柱则用此法，其年代则后此三十余年。

门窗及佛龛 云冈窟室之门皆方首，比例肥矮近方形。立颊及额均雕以卷草团花纹。窟壁浮雕所示之门，亦方首，门饰则不清晰。响堂山齐石窟门，方首圆角，门上正中微尖起，盖近方形之火焰形也；门亦周饰以卷草。天龙山齐石窟门，乃作圆券形，券面作火焰形尖栱。券口饰以栱背两头龙，龙头当券脚分位，立于门两侧之八角柱上。门券之内，另刻作方首门额及立颊状。河南渑池鸿庆寺窟壁所刻城门,则为五边券形门首。石窟壁上有开窗者,多作近似圆券形,外或饰以火焰或卷草。佛光寺塔及魏碑所刻屋宇,则有直棂窗。

壁龛有方形、圆券形及五边券形三种。圆券形多作火焰或宝珠形券面;五边券形者,券面刻为若干梯形格,格内饰以飞仙。券下或垂幔帐,或璎珞为饰。

平坐及栏杆 六朝遗物不见自具斗栱之平坐,但在多层檐之建筑中,下层之檐内,即为上层之平坐,云冈塔洞内塔柱所见即其例也。浮雕殿宇阶基有施勾栏者,刻作直棂。云冈窟壁尚刻有以"L"字棂构成之钩片勾栏,为六朝、唐、宋勾栏之最通常样式,亦见于日本法隆寺塔者也。

斗栱 魏、齐斗栱,就各石窟外廊所见,柱头铺作多为一斗三升;较之汉崖墓石阙所见,栱心小块已演进为齐心斗。龙门古阳洞北壁佛殿形小龛,作小殿三间,其斗栱则柱头用泥道单栱承素枋,单杪华栱出跳;至角且出角华栱,后世所谓"转角铺作",此其最古一例也。补间铺作则有人字形铺作之出现,为汉代所未见。斗栱与柱之关系,则在柱头栌斗上施额,额上施铺作,在柱上遂有栌斗两层相叠之现象,为唐、宋以后所不见。至于斗栱之细节,则斗底之下,有薄板一片之表示,谓之"皿板",云冈北魏栱头圆和不见分瓣;龙门栱头以四十五度斜切;天龙山北齐栱则不唯分瓣、卷杀,且每瓣均颇为凹弧形。人字形铺作之人字斜边,于魏为直线,于齐则为曲线。佛光寺塔上，赭画人字斗栱作人字两股平伸出而将尾翘起。云冈壁上所刻佛殿斗栱有作两兽相背状者，与古波斯柱头如出一范，其来源至为明显也。

构架 六朝木构虽已无存，但自碑刻及敦煌壁画中，尚可窥其构架之大概，屋宇均以木为架，施立颊心柱以安直棂窗。窗上复加横枋，枋上施人字形斗栱。至于屋内梁架，则自日本奈良法隆寺回廊梁上之人字形叉手及汉朱鲔墓祠叉手推测，再证以神通寺塔内廊顶上施用三角形石板以承屋顶，则叉手结构之施用，殆亦为当时通常所见也。

藻井 藻井于汉代已有之，六朝实物见于云冈、天龙山石窟。云冈窟顶多刻作藻井，以支条分格，有作方格者，有作斗八者，但其分划，随室形状，颇不一律。藻井装饰母题以莲花及飞仙为主，亦有用龙者，但不多见。天龙山石窟顶多作盝顶形，饰以浮雕飞仙，其中多数已流落国外，纽约温氏（Winthrop Collection）所藏数石尤精。

屋顶及瓦饰 现存北魏三塔，其屋盖结构均非正常瓦顶，不足为当时屋顶实例。神通寺塔顶作阶级形方锥体，当为此式塔上所通用。其顶上刹，于须弥座上四角立山花蕉叶，中立相轮，最上安宝珠。嵩岳寺塔及佛光寺塔刹，均于覆莲座或莲花形之宝瓶上安相轮，与神通寺塔刹迥异。

云冈窟壁浮雕屋顶均为四注式，无歇山、硬山、悬山等。龙门古阳洞一小龛则作歇山顶。屋角或上翘或不翘，无角梁之表示。檐椽皆一层。瓦皆筒瓦、板瓦。屋脊两端安鸱尾，脊中央及角脊以凤凰为饰，凤凰与鸱尾之间，亦有间以三角形火焰者。浮雕佛塔之瓦，各层博脊均有合角鸱尾，塔顶刹则与神通寺塔极相似。更有单层小塔，顶圆，盖印度窣堵坡之样式也。

定兴北齐石柱屋顶亦四注式。瓦为筒板瓦。垂脊前端下段低落一级，以两筒瓦扣盖，此法亦见于汉明器中。

雕饰 佛教传入中国，在建筑上最显著而久远之影响，不在建筑本身之基本结构，而在雕饰。云冈石刻中装饰花纹种类奇多，十九为外国传入之母题，其中希腊、波斯纹样，经犍陀罗输入者尤多，尤以回折之卷草，根本为西方花样，不见于中国周、汉各纹饰中。中国后世最通用之卷草，西番草、西番莲等，均导源于希腊莨苕叶（acanthus）者也。

莲花为佛教圣花，其源虽出于印度，但其莲瓣形之雕饰，则无疑采自希腊之"卵箭纹"（egg-and-dart）。因莲瓣之带有象征意义，遂普传至今。其他如莲珠（beads）、花绳（garlands）、束苇（reeds），亦均为希腊母题。前述之爱奥尼克式卷耳柱头，亦来自希腊者也。

以相背兽头为斗栱，无疑为波斯柱头之应用。狮子之用，亦颇带波斯色彩。锯齿纹，殆亦来自波斯者。至于纯印度本土之影响，反不多见。

中国固有纹饰，见于云冈者不多，鸟兽母题有青龙、白虎、朱雀、玄武、凤凰、饕餮等，雷纹、夔纹、斜线纹、斜方格、水波纹、锯齿、半圆弧等亦见于各处。

响堂山北齐窟雕饰母题多不出上述各种，然其刀法则较准确，棱角较分明，作风迥异也。

隋、唐之建筑特征[1]

一 建筑型类

隋、唐建筑实物之现存者，就型类言，有木构殿堂、佛塔、桥、石窟寺等物。其中石窟寺本身少建筑学上价值。此外尚有钟楼之一部分，亦因不全，不得作一型类之代表物。但在间接资料中，则可得型类八九种，以资佐证。在史籍中亦可得一部分之资料也。

城市设计 隋、唐之长安与洛阳，均为城市设计上之大作。当时雄伟之规，今虽已不存，但尚有文献可征。隋文帝之营大兴城（长安），最大之贡献有三点：其一，将宫殿、官署、民居三者区域分别，以免杂乱而利公私；又置东、西两市，以为交易中心。其二，将全城以横、直街分为棋盘形，使市容整

---

[1]《中国营造学社汇刊》第三卷第一期，梁思成《我们所知道的唐代佛寺与宫殿》。

齐划一。其三,将四面街所界划之地作为坊,而其对坊之基本观念,不若近代之block[1],以其四面之街为主,乃以一坊作为一小城,四面辟门,故言某人居处,不曰在何街,而曰在何坊也。街道不唯平直且规定百步、六十步、四十七步等标准宽度焉。顾炎武言:"予见天下州之为唐旧治者,其城郭必皆宽广,街道必皆正直,廨舍之为唐旧创者,其基址必皆宏敞。宋以下所置,时弥近者制弥陋。"唐代建置之气魄,可以见矣。

平面布置 唐代屋宇,无论其为宫殿、寺观或住宅,其平面布置均大致相同,故长安城中佛寺、道观等,由私人"舍宅"建立者不可胜数。今唐代建筑之存在者,仅少数殿宇浮图,无全部院庭存在者,故其平面布置,仅得自敦煌壁画考之。

唐代平面布置之基本观念为四周围墙,中立殿堂。围墙或作为回廊,每面正中或适当位置辟门,四角建角楼,院中殿堂数目,或一或二、三均可。佛寺正殿以前亦有以塔与楼分立左右者,如敦煌第一一七窟五台山图中"南台之寺",其实例则有日本奈良之法隆寺。在较华丽之建置中,正殿左右亦有出复道或回廊,折而向前,成凵字形,而两翼尽头处更立楼或殿者,如大明宫含元殿——夹殿两阁,左曰翔鸾阁,右曰栖凤阁,与殿飞廊相接;及敦煌净土变相图及乐山龙泓寺摩崖所见。

殿堂 唐代殿堂,承汉魏六朝以来传统,已形成中国建筑

---

[1] 街区。

最主要类型之一。其阶基、殿身、屋顶三部至今日仍为中国建筑之足、身、首。其结构以木柱构架，至今一仍其制。殿堂本身内部，少分为各种不同功用屋室之划分，一殿只作一用；即有划分，亦只依柱间间隔，无依功用、有组织，如后世所谓平面布置也。

楼阁 二层以上之建筑，见于唐画者甚多。通常楼阁，下层出檐，上层立于平坐之上，上为檐瓦屋顶，又有下层以多数立柱构成平坐，而不出檐者，或下部以砖石为高台，台上施平坐斗栱以立上层楼阁柱者。然此类实物今无一存焉。

佛塔 现存唐代佛塔类型计有下列三种：

（一）模仿木构之砖塔 如玄奘塔、香积寺塔、大雁塔、净藏塔之类。各层塔身表面以砖砌成柱、额、斗栱乃至门、窗之状，模仿当时木塔样式，其檐部则均叠涩出檐，又纯属砖构方法。层数自一层至十三乃至十五层不等。

（二）单层多檐塔 如小雁塔、法王寺塔、云居寺石塔之类，下层塔身比例瘦高，其上密檐五层至十五层。檐部或叠涩，或刻作椽瓦状。

（三）单层墓塔 如慧崇塔、同光塔之类。塔身大多方形，内辟小室，塔身之上叠涩出檐，或单檐或重檐，即济南神通寺东魏四门塔型是也。如净藏塔亦可属于此类，但塔身为木构样式。

现存唐代佛塔特征之最可注意者两点：

（一）除天宝间之净藏禅师塔外，唐代佛塔平面一律均为正方形，如有内室亦正方形。

（二）各层楼板、扶梯一律木构，故塔身结构实为一上下贯通之方形砖筒。除少数实心塔及仅供佛像不能入内之小石塔外，自北魏嵩岳寺塔以至晚唐诸塔，莫不如是。凡有此两特征之佛塔，其为唐构殆可无疑矣。

除上举实物所见诸类型外，见于敦煌画之佛塔，尚有下列四种：

（一）木塔　与云冈石窟浮雕及塔柱所见者相同，盖即"上累金盘，下为重楼"之原始型华化佛塔也。

（二）多层石塔　为将多数"四门塔"垒叠而成者。每层塔身均辟圆券门，叠涩出檐，上施山华蕉叶。现存实物无此式，然在结构上则极合理也。

（三）下木上石塔　下层为木构，斗栱出瓦檐。其上设平坐，以承上层石窣堵坡。其结构违反材料力学原则，恐实际上不多见也。

（四）窣堵坡　塔肚部分或为圆球形或作钟形。现存唐代实物无此式。

城廓　敦煌壁画中所画城廓颇多，似均砖甃。城多方形，在两面或四面正中为城门楼，四隅则有角楼，均以平坐立于城上。城门口作梯形"券"，为明以后所不见。城上女墙，或有或无，似无定制。

桥梁　唐代桥梁，至今尚无确可考者。敦煌壁画中所见颇多,均木造,微栱起,旁施勾栏,与日本现代木桥极相似。至于隋安济桥,以一单券越如许长跨,加之以空撞券之结构,至为特殊,且属孤例,不可作通常桥型论也。

二 细节分析

阶基及踏道 唐代阶基实物现存者甚少,大雁塔、小雁塔及佛光寺大殿虽均有阶基,然均经后代重修,是否原状甚属可疑。墓塔中有立于须弥座上者,然其下是否更有阶基,亦成问题。敦煌壁画佛塔均有阶基,多素平无叠涩;大雁塔门楣石所画大殿阶基亦素平,其下地面且周以散水,如今通用之法。阶基前踏道一道,唯大雁塔楣石所画大殿则踏道分为左右,正中不可升降,即所谓东、西阶之制。

平坐 凡殿宇之立于地面或楼台塔阁之下层,均有阶基;但第二层以上或城垣高台之上建立木构者,则多以平坐、斗栱代替阶基,其基本观念乃高举之木构阶基也。玄宗毁武后明堂,"去柱心木,平坐上置八角楼"。此盖不用柱心木建重楼之始,为结构法上一转捩点,殊堪注意。敦煌壁画中楼阁城楼等皆有平坐,然实物则尚未见也。

勾栏 阶基或平坐边缘之上,多有施勾栏者。自北魏以至唐、宋,六七百年间,勾栏之标准样式为"钩片勾栏",以地栿、盆唇、巡杖及斗子蜀柱为其构架，盆唇、地栿及两蜀柱间以"L"及"I"形相交作华版。敦煌壁画中所见极多。其实例则栖霞山五代舍利塔勾栏也。

柱及柱础 佛光寺大殿柱为现存唐柱之唯一确实可考者。其檐柱、内柱均同高；高约为柱下径之九倍强。柱身唯上端微有卷杀，柱头紧杀作覆盆状。其用柱之法，则生起与侧脚二法皆极显著，与宋《营造法式》所规定者约略相同。

砖塔表面所砌假柱，大雁塔与香积寺塔均瘦而极高，净藏塔之八角柱则肥短。大雁塔门楣石所画柱亦极瘦高，恐均非真实之比例也。

唐代柱础如用覆盆，则有素平及雕莲瓣者。

门窗 佛光寺大殿门扇为板门，每扇钉门钉五行；门钉铁制，甚小，恐非唐代原物。慧崇塔、净藏塔及栖霞寺塔上假门亦均有门钉，千余年来仍存此制。

佛光寺大殿两梢间窗为直棂窗，净藏塔及香积寺塔上假窗，亦为此式，元、明以后，此式已少见于重要大建筑上，但江南民居仍沿用之。

斗栱 唐代斗栱已臻成熟极盛。以现存实物及间接材料，可得下列六种：

（一）一斗 为斗栱之最简单者。柱头上施大斗一枚以承檐椽，如用补间铺作，亦用大斗一枚。大雁塔、香积寺塔之斗栱均属此类。北齐石柱上小殿，为此式之最古实物。

（二）把头绞项作（清式称"一斗三升"）　玄奘塔及净藏塔均用一斗三升。玄奘塔大斗口出耍头，与泥道栱相交。其转角铺作则侧面泥道栱在正面出为耍头；其转角问题之解决甚为圆满。柱头枋至角亦相交为耍头。净藏塔柱头之转角铺作，则其泥道栱随八角平面曲折，颇背结构原理。其大斗口内出耍头，斜杀如批竹昂形状。大雁塔门楣石所画大殿两侧回廊斗栱，则与玄奘塔斗栱完全相同。

（三）双杪单栱　大雁塔门楣石所画大殿，柱头铺作出双杪，第一跳偷心，第二跳跳头施令栱以承橑檐椽。其柱中心则泥道栱上施素枋，枋上又施令栱。栱上又施素枋。其转角铺作，则角上出角华栱两跳，正面华栱及角华栱跳头施鸳鸯交手栱，与侧面之鸳鸯交手栱相交。此虽间接资料，但描画准确，其结构可一目了然也。

（四）人字形及心柱补间铺作　净藏塔前面圆券门之上以矮短心柱为补间铺作，其余各面则用人字形补间铺作。大雁塔门楣石所画佛殿则于阑额与下层素枋之间安人字形铺作，其人字两股低偏，两端翘起。上下两层素枋之间则用心柱及斗。现存唐宋实物无如此者，但日本奈良唐招提寺金堂，则用上下两层心柱及斗，与此画所见，除下层以心柱代人字形铺作外，在原则上属同一做法。

（五）双杪双下昂　何晏《景福殿赋》有"飞昂鸟踊"之句，是至迟至三国已有昂矣。佛光寺大殿柱头铺作出双杪双下昂,为昂之最古实例。其第一、第三两跳偷心。第二跳华栱跳头施重栱,第四跳跳头昂上令栱与耍头相交,以承替木及橑檐槫。其后尾则第二跳华栱伸引为乳栿,昂尾压于草栿之下。其下昂嘴斜杀为批竹昂。敦煌壁画,所见多如此,而在宋代则渐少见,盖唐代通常样式也。转角铺作于角华栱及角昂之上,更出由昂一层,其上安宝瓶以承角梁,为由昂之最古实例。

(六)四杪偷心　佛光寺大殿内柱出华栱四跳以承内槽四椽栿,全部偷心,不施横栱,其后尾与外檐铺作相同。

木构斗栱以佛光寺大殿为最古实例。此时形制已标准化,与辽、宋实物相同之点颇多,当于下章比较讨论之。

构架　在构架方面特可注意之特征有下列七点:

(一)阑额与由额间之矮柱　大雁塔门楣石所画佛殿,于柱头间施阑额及由额,二者之间施矮柱,将一间分为三小间,为后世所不见之做法。

(二)普拍枋之施用　玄奘塔下三层均以普拍枋承斗栱。最下层未砌柱形,普拍枋安于墙头上。第二、第三两层砌柱头间阑额,其上施普拍枋以承斗栱。最上两层则无普拍枋,斗栱直接安于柱头上。可知普拍枋之用,于唐初已极普遍,且其施用相当自由也。

(三)内外柱同高　佛光寺内柱与外柱完全同高,内部屋顶举折,均由梁架构成。不若后代将内柱加高。然佛光寺为一孤例,加高做法想亦为唐代所有也。

（四）举折　佛光寺大殿屋顶举高仅及前、后橑檐枋间距离之五分之一强，其坡度较后世屋顶缓和甚多。其下折亦甚微，当于下章与宋式比较论之。

（五）明栿与草栿之分别　佛光寺大殿斗栱上所承之梁皆为月梁，其中部微棋起如弓，亦如新月，故名。后世亦沿用此式，至今尚通行于江南。其在此殿中，月梁仅承平暗之重，谓之"明栿"。平暗之上，另有梁架，不加卷杀修饰，以承屋盖之重，谓之"草栿"，辽宋实物亦有明栿以上另施草栿者；明清以后，则梁均为荷重之材，无论有无平暗，均无明栿、草栿之别矣。

（六）月梁　《西都赋》有"抗应龙之虹梁"，谓其梁曲如虹，故知月梁之用，其源甚古，佛光寺大殿明栿均用月梁，其梁首之上及两肩均卷杀，梁下中䫜，为月梁最古实例。其形制与宋《营造法式》所规定大致相同。

（七）大叉手　佛光寺大殿平梁之上不立侏儒柱以承脊檩，而以两叉手相抵，如人字形斗栱。宋、辽实物皆有侏儒柱而辅以叉手，明、清以后则仅有侏儒柱而无叉手。敦煌壁画中有绘未完之屋架者，亦仅有叉手而无侏儒柱，其演变之程序，至为清晰。

藻井　佛光寺大殿平暗用小方格，日本同时期实物及河北蓟县（今天津蓟州区）独乐寺辽观音阁平暗亦同此式。敦煌唐窟多作盝顶，其四面斜坡画作方格，中部多正形，抹角逐层叠上，至三层、五层不等。

角梁及檐椽　佛光寺大殿角梁两重，其大角梁安于转角铺作之上，由昂上并以八角形瘦高宝瓶承托角梁，角梁头卷杀作一大瓣，子角梁甚短，恐已非原状。大雁塔楣石所画大殿角梁不全。其下无宝瓶等物，亦不知有无子角梁也。

佛光寺大殿檐部只出方椽一层，椽头卷杀，但无飞椽。想原有檐部已经后世改造，故飞椽付之阙如。至角有翼角椽，如后世通用之法。大雁塔楣石所画，则用椽两层，下层圆椽，上层方飞椽，有显著之卷杀。椽与角梁相接处，不见有生头木之使用。

砖石塔多用叠涩檐。其断面线多颤入少许，实为一种装饰性之横线道。石塔亦有雕作椽瓦状者，河北涞水县唐先天石塔及江宁（今江苏南京市江宁区）栖霞寺五代石塔皆此类实例也。

屋顶　除佛光寺大殿四阿顶一实物外，见于间接资料者，尚有九脊、攒尖两式，"不厦两头"则未见，然既见于汉、魏，亦见于宋、元以后，则想唐代不能无此式也。九脊屋顶收山颇深，山面三角部分施垂鱼，为至今尚通用之装饰。四角或八角形亭或塔顶，均用攒尖屋顶，各垂脊会于尖部，其上立刹或宝珠。

瓦及瓦饰　佛光寺大殿现存瓦已非原物，故唐代屋瓦及瓦饰之形制，仅得自间接资料考之。筒瓦之用极为普遍，雁塔楣石所见尤为清晰，正脊两端鸱尾均曲向内，外沿有鳍状边缘，正中安宝珠一枚，以代汉、魏常见之凤凰。正脊、垂脊均以筒瓦覆盖，其垂脊下端微翘起，而压以宝珠。屋檐边线，除雁塔楣石所画，至角微翘外，敦煌壁画所见则全部为直线，实物是否如此尚待考也。

雕饰 雕饰部分可分为立体、平面两种：立体者为雕塑品，平面者为画。屋顶雕饰，仅得见于间接资料，顷已论及。石塔券形门有雕火珠形券面者，至于平面装饰，最重要者莫如壁画。《历代名画记》所载长安洛阳佛寺、道观几无无壁画者，如吴道子、尹琳之流，名手辈出。今敦煌千佛洞中壁画，可示当时壁画之一般。今中原所存唐代壁画，则仅佛光寺大殿内栱眼壁一小段耳。至于梁枋等结构部分之彩画，则无实例可考。天花藻井及壁画边缘图案，则敦煌实例甚多，一望而知所受希腊影响之颇为显著也。

发券 发券之法，至汉已极通行，用于墓藏，遗例颇多。但用于地面者，似尚不甚普遍。至于发券桥，最古记录，有《水经注》条七里涧之旅人桥，"悉用大石，下圆以通水，题太康三年十一月初就功"。实物之最古者阙唯赵县大石桥，其砌券之法，以多道单独之券，并列而成一大券，而非将砌层与券筒中轴线平行，使各层间砌缝相错以相牵济者。此桥之券固与后世之常法异，然亦异于汉墓中所常见，盖独出心裁者也。至于券圈之上另加平砌之伏，自汉以来，已成定法，大石桥亦非例外，直至清代尚遵此制。

宋、辽、金建筑特征之分析

一 建筑类型

宋、辽、金以降，建筑实物之得保存至今者更多。以木构言，在唐代仅得一例，而宋、辽、金遗物，曾经中国营造学社调查测绘者，则已将近四十单位，在此三百二十年间，平均每二十年，已可得一例，亦可作时代特征之型范矣。至于砖石塔幢，为数尤多。兹先按建筑物之型类略述之。

城市设计 后周世宗之筑大梁，实为帝王建都之具有远大眼光者。其所注意之点，如"泥泞之患""火烛之忧""易生疫疾""寒温之苦"，皆近代都市设计之主要问题，其街有定阔，两边五步内种树掘井，修益凉棚，皆为近代之方法。

至于地方城市规模，则有江苏吴县（今江苏苏州市吴中区和相城区）苏州府文庙《宋平江府图》碑。宋绍定二年（公元1229年）刻石。城大致作不规则长方形，城内另有"子城"，本南宋建炎间所建皇宫，后即为平江府治。城内街衢大多正直，但因城内渠道纵横，为其他城市所无，未足为一般之例范耳。

平面布置 现存城市及建筑，已无完全保存宋代平面布置之原形者，幸当时碑刻，尚可得窥其大略。

（一）衙署平面 平江府图中部之平江府治，为关于我国古代官署建筑不可多得之史料（图九）。府治之外，周以城垣，称曰"子城"，唐时已有，非创于宋。其南门偏东，西门偏北，而无东门、北门，非我国之传统对称式样。城内建筑虽因府门偏东，故不能采取对称方式，然其主要厅堂仍以府门为中轴，其全部可分为六区：（甲）府门中轴线上各层设厅及小堂，并两翼廊屋，为府治主体；（乙）其北宅堂，为郡守住宅；（丙）更北后园，有池亭之胜；（丁）设厅及小堂之东为掌户籍、赋税、仓库及州院庶务诸户厅府院；（戊）西侧南部为处理民刑政务之各厅司；（己）西侧北段则为军旅驻屯训练及制造军器之所。其全体范围之广，包容之众，非明清官署所能睹也。

（二）庙宇平面 现存嵩山中岳庙，大金承安《重修中岳庙图》碑，及元刊《孔氏祖庭广记》所载《宋阙里庙制图》《金阙里庙制图》（图十），皆为关于当时平面研究之罕贵资料。宋代曲阜文庙于每座主要楼殿两翼皆有廊庑，并两翼廊庑合成庭院。故其平面为多进方形院庭合成。至金代各庭院，虽仍周绕回廊为主要布置法，但大殿与其后寝殿之间，均联以主廊，使平面为"工"字形。中岳庙之峻极殿与寝殿之间，阙里大成

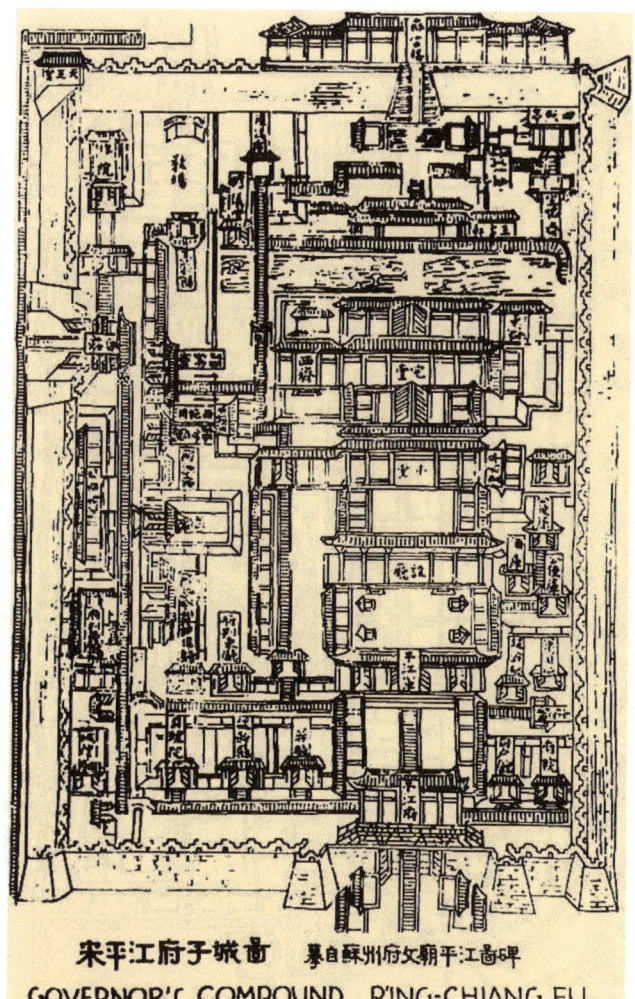

◎ 图九 宋平江府子城图,摹自苏州文庙平江图碑

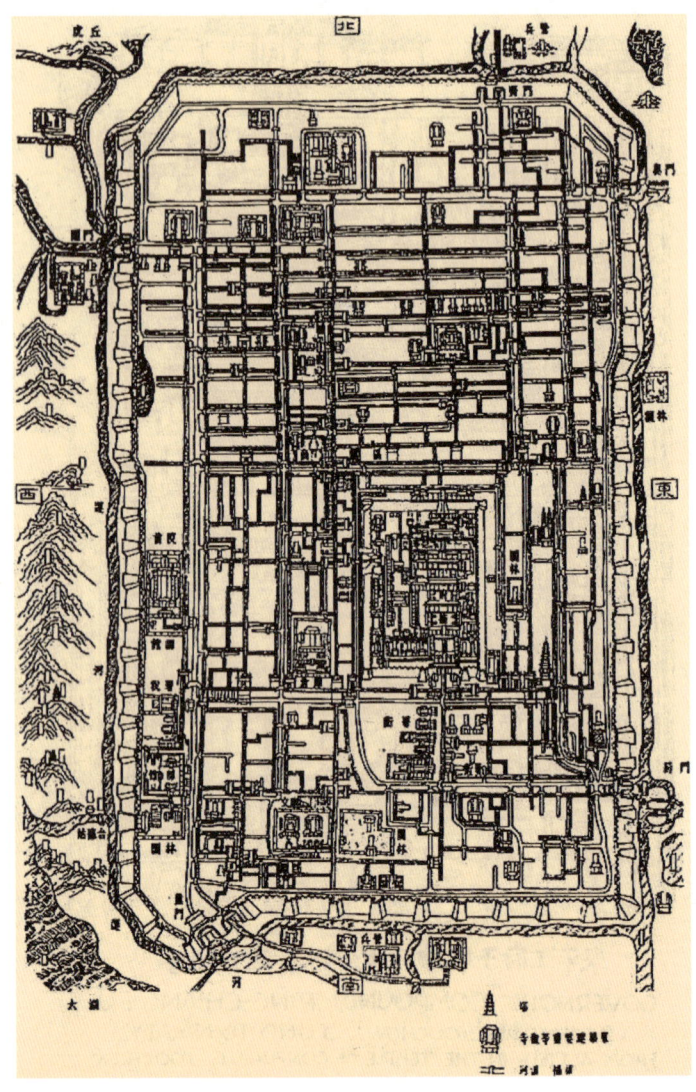

◎ 图九-1 平江府碑摹本

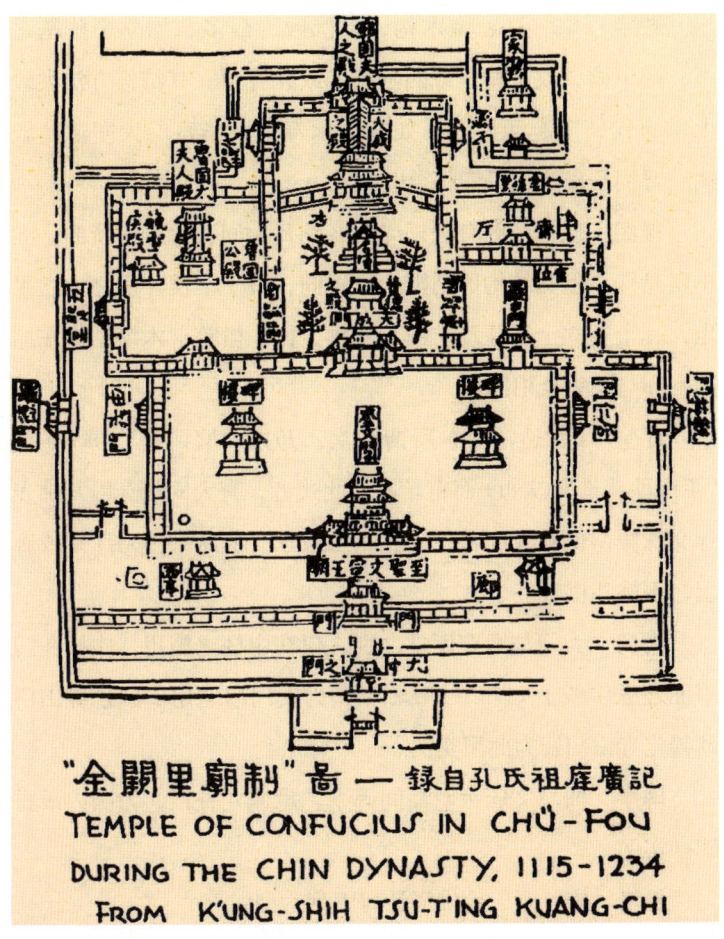

图十　山东曲阜金阙里庙制图，录自《孔氏祖庭广记》

殿与郓国夫人殿之间，鲁国公殿与鲁国太夫人殿之间，莫不如此，盖至金代已成为极通常之布置也。至于庙垣四隅建角楼，亦为金代所常用。

殿宇 宋、辽、金木构，以佛殿为最多，均立于阶基之上，或单檐，或重檐；或四阿顶，或九脊顶。其结构方法大致上承唐代，下起元、明。如榆次永寿寺雨华宫、大同薄伽教藏、晋祠圣母庙正殿皆此类也。

楼阁 现存楼阁有独乐寺观音阁及大同善化寺普贤阁，大小虽悬殊，但其结构原则则大致相同，皆于下层斗栱之上立平坐，其上更立上层柱及枋额、斗栱、椽、檐等。木塔结构在原则上亦与此完全相同。

厅堂 《营造法式》所谓厅堂，乃指"厦两头"（歇山）或"不厦两头造"（悬山）而言。属于此式者，有大同海会殿及佛光寺文殊殿两例；大同善化寺大雄宝殿东、西两朵殿乃厅堂或廊屋之不施斗栱者。

大门 大门与殿宇厅堂之别，仅在中柱之施用。中柱在门平面之纵中线上（即前后檐柱之间），为安门扇之用。独乐寺山门及善化寺山门皆为此型实例。

碑亭 曲阜文庙金明昌间碑亭，重檐九脊顶，为国内最古碑亭实例。

佛塔 宋、辽、金佛塔计有下列六型：

（一）木塔，唯应县佛宫寺释迦塔一孤例。在结构原则上，与独乐寺观音阁大致相同。其柱之分配，为内外二周，其上安平坐，以承上层构架，五层相叠，至顶层覆以八角攒尖顶。正定天宁寺塔则下半为砖，上半为木。

（二）模仿多层木构之砖塔，其蓝本即为佛宫寺释迦塔之类。因地域之不同，又可分为二支型。（甲）宋型：如苏州双塔、虎丘塔、杭州六和塔之类，每间比例较狭，角柱之间立榇柱以安门窗，多作壶门。与塔身比，斗栱比例颇大。檐部多用菱角牙子叠涩为檐。（乙）辽型：如易县千佛塔、涿县（今涿州市）南北二塔、辽宁白塔子塔。柱颇高，每间颇广阔，斗栱比例较小于宋型而模仿忠实过之。门均为圆券门，与宋型迥异其趣。

（三）模仿多层木构之石塔，如灵隐寺双石塔及闸口白塔，模仿至为忠实，但塔身小，实为一种雕刻品，在功用上实同经幢。至如泉州开元寺双塔则为正式建筑，其仿木亦唯肖逼真，但省去平坐，为木构中所少见耳。

（四）单层多檐塔，亦可分为二型：（甲）仿木斗栱出檐型，第一层斗栱檐以上各层均砌斗栱，上出椽檐多层，如普寿寺塔、北平天宁寺塔、云居寺南塔，均属此型。（乙）叠涩出檐型，其第一层檐仍用斗栱，但第二层以上均叠涩出檐，如易县圣塔院塔、涞水县西冈塔、热河大名城大小两塔、辽阳白塔，均属此型。

（五）窣堵坡顶塔，塔之下段与他型无大区别，多三层，其上塔顶硕大，如窣堵坡，河北房山云居寺北塔、蓟县（今天津蓟州区）白塔、易县双塔庵西塔、邢台天宁寺塔，皆属此型。此型之原始，或因建塔未完，经费不足，故潦草作大刹顶以了事，遂形成此式，亦极可能，但其顶部是否为后世加建，尚极可疑。

（六）铁塔，其性质近于经幢，径仅一米余，比例瘦而高。铁质易锈，今保存最佳者，唯当阳玉泉寺铁塔。

墓塔 宋、辽、金墓塔大致仍遵唐之旧，以方形单层，单檐或多檐者为多，如登封少林寺宋宣和三年（公元1121年）普通禅师塔，及金正隆二年（公元1157年）之西堂老师塔是。又有六角或方形，多层叠涩檐者，如少林寺大定十九年（公元1179年）之海公塔是。此外如金贞祐三年（公元1215年）之衍公长老窣堵坡，则仅为不规则椭圆球形墓表，不足称为塔也。

墓室 经著者测绘者仅四川宜宾一孤例。

桥 赵县小石桥为年代准确之金代桥。但桥形制特殊，不可以为当时一般造桥方法之典范也。

二 细节分析

阶基及踏道 宋代木构皆有阶基，然莫不屡经后世修砌，其能确实保存外表原形者，恐无一实例，仅得知其高广之大致耳。济源济渎庙渊德殿遗基，恐亦非原形矣。《营造法式》对于阶基之尺寸，无比例之规定。宋、辽木构之阶基，或甚低偏，如正定摩尼殿、榆次永寿寺、独乐寺观音阁山门等均是。然有承以崇伟之阶基者，如大同华严寺大雄宝殿及薄伽教藏、善化寺大雄宝殿皆此类也。赵宋诸塔，阶基均矮，辽、金诸塔则多高基，而尤以辽、金式单层多檐塔对于阶基最为注重，其最下层土衬及方涩之上，先为须弥座一层，其上更立平坐斗栱，平坐之上绕以勾栏，更上为仰莲座以承塔身。须弥座及平坐束腰壸门之内大多饰以狮子；勾栏均为斗子蜀柱，其华版以钩片为最通常图案，亦有用其他类似万字之华纹者；勾栏每间之内，巡杖以下，盆唇以上，作类似地霞之华版以托巡杖，亦为辽塔常见之例。至如金建白马寺塔，其塔身以上虽富于唐代作风，然其下高基，则辽、金之特征也。

阶基前之踏道，宋代乃有设东西二阶者，渊德殿阶基为现存东西阶之唯一实例。此外如金《中岳庙图》，其峻极殿亦画东西阶，足证此式当时尚极普遍。《营造法式》踏道之制，两侧三角形内多作逐层减退之池槽，名曰"象眼"，嵩山少林寺初祖庵踏道即作此式。

平坐及勾栏 平坐实例木构者见于独乐寺观音阁、应县木塔、大同普贤阁等处。其平坐柱均将下端叉于下层斗栱之上，其上施阑额，普拍枋为其必有之一部。砖塔上所砌平坐，仅皆砌其外表，平坐斗栱均只出杪，不用昂，《法式》所举缠柱造，左右各出附角斗一枚，别出铺作一缝，及用上昂之制，均未见于实例。

平坐之上多施勾栏，唐以前之斗子蜀柱钩片华版之制，已不为唯一图案。独乐寺观音阁勾栏仍用此制。应县木塔平坐勾栏亦用斗子蜀柱，但华版无华。其扶梯勾栏则不用华版而用卧棂，至如大同薄伽教藏内壁藏，则华版花纹有几何图案多种，辽、金塔坐勾栏上最普遍之样式，于巡杖、盆唇之间按斗子地霞，则为前所未见。赵县小石桥明刻勾栏，尚存此式焉。

柱及柱础　《营造法式》造柱之制，有梭柱、直柱之别，其梭柱将柱之上三分之一卷杀，如欧洲古典式柱之 Entasis[1]，柱头紧杀如覆盆样。现存木构，其用木柱者，以直柱为多，但柱头均略有卷杀。石柱遗例不多，初祖庵所用八角柱上径较下径微收，但无卷杀，柱面刻各种花纹。苏州双塔寺大殿残石柱，虽有卷杀，但残破难加细测。长清（今山东济南市长清区）灵岩寺大雄宝殿，其柱有显著之卷杀，但柱头不"紧杀如覆盆"；柱身断面作十余凹入瓣，上下为槽，与希腊陶立克式柱极相似。唯灵隐寺双塔及闸口白塔，则柱身之下三分之二大体垂直，上段有显著之卷杀，与《法式》梭柱之规定，大致相符。

至于用柱之制，《法式》规定有角柱、平柱加高之生起，及柱首微侧向内之侧脚两法，几为宋代不易之定则。

河北、山西境内宋、辽、金柱础，以平础不出覆盆为最

1　凸肚状。

多；但如佛光寺文殊殿内柱，则用莲瓣覆盆，故亦非绝不用者。长清灵岩寺大殿柱础则覆盆雕山水龙纹。江南柱础几无不用覆盆，其上且加櫍，如苏州双塔寺大殿址柱础，覆盆雕卷草花纹，其上并櫍同雕出。吴县（今江苏苏州市）用直保圣寺大殿遗址柱础多枚，雕饰精美，宋代柱础之佳例也。

《营造法式》造柱础之制，规定础方为柱径之倍，覆盆高为础方十分之一，盆唇厚为覆盆高十分之一。现存诸例大致与此相符。至于仰覆莲花柱础，则尚未见实例也。

门窗 大同华严寺大雄宝殿之门，为可贵之遗物。其装门之法，先按门之高宽安门额及门颊，其内饰以壶门牙子，两侧施腰串，装余塞板，额上安格子窗，门扇每扇具门钉七列，每列各九枚，佛光寺文殊殿则于门之两侧及门额以上均安板。额上用门簪两枚以安鸡栖木，其门簪扁而长，与《法式》规定之方形门簪用四枚者迥异其趣。其版门门钉，则仅四行，行各七钉而已。

江南诸塔表面模仿木构形者，其门多不发券而叠涩作成壶门牙子形，较辽塔之作圆券者调和。至于塔身砌作假门者，或作版门，或作槅扇。宋、辽门簪均二枚；至金代遗例，已增至四枚。

与地栿相交以承门轴之门砧石，则为砖塔假门所必有，而木构实例反多不用者。

窗之实例以直棂窗为最多，但亦有用菱形或方格者。《营造法式》所见各式图样,尚未见之实例也。

斗栱之结构与权衡 至宋代而发达至于成熟,其各件之部位大小已高度标准化,但其组成又极富变化。按《营造法式》之规定,材分八等,各有定度;"各以材高分为十五分,以十分为其厚",以六分为栔,斗栱各件之比例,均以此材栔分为度量单位。其各栱及斗之规定长度,及出跳长度,直至清代尚未改变焉。

就实例言,其在燕云边壤者,尚多存唐风;如独乐寺观音阁、应县木塔、奉国寺大殿等,其斗栱与柱高之比例,均甚高大;斗栱之高,竟及柱高之半。至宋初实例,如榆次永寿寺雨华宫、晋祠大殿等,则在斫割卷杀方面较为柔和,比例则略见减缩。北宋之末,如初祖庵,及《营造法式》之标准样式,则斗栱之高仅及柱之七分之二,在比例上更见缩小。至于南宋及金,如苏州三清殿、大同善化寺三圣殿及山门等,斗栱比例更小,在此三百年间,即此一端已可略窥其大致。

在铺作之组成方面,因出秒出昂、单栱重栱、计心偷心,而有各种不同之变化。实物所见,有下列诸种:

(一)单秒下附半栱,见于大同海会殿及应县木塔顶层。

(二)双秒单栱偷心,独乐寺山门;双秒重栱计心,大同薄伽教藏、宝坻三大士殿等。

(三)三秒重栱计心,应县木塔平坐。

(四)三秒单栱计心,正定转轮藏殿平坐。

（五）单昂，苏州三清殿下檐。

（六）单杪单昂偷心，榆次永寿寺。

（七）单杪单昂偷心，昂形耍头，正定摩尼殿、转轮藏殿。

（八）双杪双昂重栱偷心，独乐寺观音阁及应县木塔。

（九）双杪三昂重栱计心，正定转轮藏殿转轮藏（小木作）。

（十）转角铺作附角斗加铺作一缝，大同善化寺大雄宝殿，华严寺大雄宝殿。

（十一）内槽斗栱用上昂，苏州三清殿。

（十二）双杪或三杪与斜华栱相交，大同善化寺大雄宝殿及三圣殿，华严寺大雄宝殿。

（十三）内槽转角铺作，栱自柱出，不用栌斗，苏州三清殿。

（十四）补间铺作之下施矮柱，其下或更施驼峰，大同薄伽教藏、蓟县（今蓟州区）独乐寺山门、宝坻三大士殿等。

至于斗栱之各部，其为宋代所初见，或为后世所无或异其形制者，有下列诸项：

（一）斜栱即上文（十二）所述。

（二）下昂，其后尾挑起，以承下平槫，或压于栿下。为一种杠杆作用，如永寿寺、初祖庵等。明清以后，昂尾即失去其机能，成为一种虚饰。

（三）昂形耍头与令栱相交，在通常耍头位置，其前作昂嘴形，后尾挑起为杠杆，其功用与昂无异。正定转轮藏殿、晋祠大殿及献殿均为此例。

（四）华头子，自斗口出以承昂之两卷瓣，明、清以后即不见。

（五）替木在令栱之上以承槫接缝处，亦明、清以后所无。

斗栱各部之卷杀，宋代较唐代为柔和。唐代直线斜杀之批竹昂，在时期上唯宋初，在地域仅晋冀北部见之。天圣间建之晋祠大殿、献殿及约略与之同时之龙兴寺转轮藏殿，昂嘴虽直杀，但更削两侧如琴面。北宋中叶以后昂嘴颤入如弧线，乃成惯例。斗栱最上层伸出之耍头，后世多作蚂蚱头形者，在宋代遗例中，或直斫，或斜杀如批竹昂，或作霸王拳，或作翼形，或作夔龙头，等等，颇富于变化。至于栱头卷杀，分瓣已成定则，但瓣数未必尽同《法式》所规定耳。

模仿木构之砖塔，在斗栱之仿砌上，较之唐代更进一步。唐代砖塔仅作把头绞项作（即一斗三升），但宋代砖塔则砌砖出跳，至二跳三跳不等。其在辽、金地域以内者，斜栱且已成为常见部分。然因材料之限制，下昂终未见以砖砌制者也。至于杭州灵隐寺及闸口之石塔，以材料为石质，乃能镌出昂嘴形，模仿木构形制，更为逼真。

构架 就柱梁之分配着眼，《营造法式》规定及实物所见均极富变化。

（一）外檐柱多分间周列，其侧脚及角柱之生起，凡此期实物，无不见之，内柱则视情形之不同，可以酌量撤减。其内柱全数按缝排列，一柱不减，如苏州三清殿者，在宋代较大殿堂中至为罕见。至若佛光寺文殊殿、济源奉仙观大殿及大同善化寺三圣殿，将内柱减少至无可再减，而以特殊巧技之梁架解决其因而产生之困难，亦特殊之罕例也。

（二）在梁架之施用上，多视殿屋之深，依其椽数及柱之分配，定其梁之长短及配合法。除实物中所见特殊实例，如善化寺大雄宝殿之以前后二栿之一部分相叠，以及前条所举数例外，《法式》图样即有侧样二十余种，其变化几无穷尽也。

（三）梁栿有明栿与草栿之别，若有平棊，则屋盖之重由草栿承托，如独乐寺观音阁；若"彻上露明造"，则用明栿负重，如宝坻三大士殿、独乐寺山门、永寿寺雨华宫，等等。明栿又有月梁与直梁之别，直梁较为普通，月梁见于善化寺山门，较之佛光寺大殿之唐例，及清式之规定，均略为低偏，其梁底颤起亦较甚。在年代虽与《法式》相近，但在形制上则反与唐例相似，梁横断面高宽之比例，在宋初近于二与一，至宋中叶，则近三与二，至明清乃成五与四或六与五之比矣。

（四）宋代平梁之上，皆立侏儒柱以承脊檩，但两则仍挟以叉手，以与唐代之有叉手而无侏儒柱，及明、清之有侏儒柱而无叉手，诸实例相较，其演变程序固甚显然。

（五）举折之制，《法式》"看详"谓："今采举屋制度，以前后橑檐枋心相去远近分为四分，自橑檐枋背上至脊檩背上，四分中举起一分。"其卷五本文则改定为三分中举起一分，今就实物比较，宋初及辽以近于四分举一者为多，如永寿寺雨华宫、大同薄伽教藏、海会殿等是，至北宋末及南宋、金则近于三分举一，如善化寺山门及三圣殿是也。

（六）阑额、普拍枋。普拍枋虽已见于唐初，然至北宋末，尚有省而不用者，如初祖庵是也。其用普拍枋者，则早者扁而宽，如薄伽教藏，与阑额在断面上作T字形，其后渐加厚，如大同善化寺三圣殿及山门，普拍枋、阑额所出无几。至明、清则普拍枋竟狭于阑额矣。

（七）宋代各檩缝下，均施襻间一材或二三材，所以辅檩之不足。襻间与檩之间，更施斗栱以相支撑联络，其制见于《法式》及实物。实物之中最特殊者，莫如佛光寺文殊殿所见，其檩下以内额承托次间梁缝，因而构成类似Truss[1]之构架，为仅见之孤例。

藻井 藻井可分为平棊、平暗及斗八藻井三种。平暗作正方格，唐末宋初者格甚小，如佛光寺大殿及独乐寺观音阁。平棊作长方形，如大同薄伽教藏。斗八藻井施之于平棊或平暗之内，其下或饰以斗栱，如应县净土寺大殿；或无斗栱，如观音阁、薄伽教藏、应县木塔皆是也。

角梁及檐椽 角梁两重已成定则，宋代大角梁为一直料，下端作蝉肚或卷瓣。子角梁折起，其梁头斜杀。檐椽及飞椽亦

---

1 桁架，构架。

不杀檐椽而杀飞檐。但卷杀子角梁及飞椽之制，明、清官式已不用矣。砖塔檐部，无斗栱者完全叠涩出檐，如宜宾白塔及洛阳白马寺塔；有斗栱者或作木檐形，如易县千佛塔、涿县（今河北涿州市）普寿寺塔等；多见于北方，为辽、金特征；有在斗栱之上砌菱角牙子及版檐檩，与叠涩檐约略相同者，如苏州虎丘塔及双塔，多见于江南。然亦有出木檐者，如苏州瑞光寺塔及正定天宁寺木塔，其配合法实无定则也。

扶梯 独乐寺观音阁及佛宫寺木塔均保存原有扶梯，观音阁曾略经后世修改，而木塔梯则尚完全保存原状。其梯之结构，以两颊夹安踏版及促版，梯之斜度大致为四十五度，颊上安斗子蜀柱勾栏，不施华版，而用卧棂一条。其制度与《营造法式》所定者大致相同，但《营造法式》勾栏已加高，卧棂之数亦用至三条之多，不若古式之妥稳淳朴也。

屋顶 四阿顶为宋代最尊贵之屋顶，《营造法式》亦称"吴殿"，即清所称"庑殿"是也。《营造法式》谓"八椽五间至十椽七间，并两头增出脊榑各三尺"，使垂脊近顶处向外弯曲，即清式推山之制之滥觞也。但宋、辽诸例，如三大士殿及大同华严寺、善化寺正殿等，皆无推山。九脊殿位次于四阿顶一等，盖为厦两头与四阿顶联合而成者，清式称之曰"歇山"，其两头梁架露明，自外可见，搏风版下且饰以悬鱼、惹草等，不若清式之掩以山花版。观音阁、薄伽教藏、晋祠献殿皆其实例也。厦两头者清式称为"悬山"或"挑山"，于两山墙之外出际,如大同海会殿及佛光寺文殊殿是也。正定摩尼殿殿身重檐歇山顶,而于四面另加歇山顶抱厦,为后世所少见。

瓦及瓦饰 《营造法式》瓦作有瓪瓦、瓯瓦之别;瓯瓦施之于殿阁、厅堂、亭榭等;瓪瓦施之于厅堂及常行屋舍。更视屋之大小等第,分瓦之大小为若干种。其屋脊由瓪瓦多层叠砌而成,以屋之大小定层数之多寡。其脊之两端施鸱尾。垂脊之上用兽头、蹲兽、傧伽等。各等所用大小与件数,制度均甚严密。唯现存实物,无全部保存原状者。独乐寺山门鸱尾,其尾卷起向内,外橼作鳍形,为鸱尾最古实例。薄伽教藏内壁藏上木雕鸱尾与独乐寺山门鸱尾完全相同,足证为当时样式,但薄伽教藏殿及华严寺大雄宝殿、宝坻三大士殿,则鸱尾之轮廓成为约略上小下大之长方形,疑为宋中叶以后或金代样式,永寿寺雨华宫鸱尾亦略似此式而曲线较多,恐已非原物;但其脊之构造,以瓦叠成,则仍宋代方法也。

雕饰 瓦饰本亦为雕饰之一种。除瓦饰外,宋代之建筑雕饰,可分为雕刻与彩画两类。

(一)**雕刻** 柱础雕饰实例最多。其花纹或作莲瓣,或作龙凤云水纹,如甪直保圣寺、苏州双塔寺、长清灵岩寺所见。石柱雕饰,有作卷草纹者,如苏州双塔寺大殿遗址所见;有作佛道像者,少林寺初祖庵石柱。至如墙脚须弥座雕饰,见于初祖庵及六和塔。佛像及经幢须弥座,饰以间柱、壸门内浮雕飞仙乐伎等,如正定龙兴寺大悲阁像座及赵县经幢须弥座,皆此式之翘楚也。

（二）彩画 《营造法式》彩画作制度甚为谨严，图样亦极多。其基本方法，乃以蓝、绿、红三色为主，其色之深浅，则用退晕之法，至清代尚沿用之法也。其图案虽已高度程式化，但不若清式之近于几何形。民国十四年（公元1925年）本《营造法式》彩画图样着色颇多错误之处，不足为例，尚有待于改正再版。至于实例，唯义县奉国寺、大同薄伽教藏尚略存原形，但多已湮退变色，或经后世重描，已非当时予人之印象矣。

元、明、清建筑特征之分析

一 建筑类型

城市设计 元、明、清三朝，除明太祖建都南京之短短二十余年外，皆以今之北平为帝都。元之大都为南北较长东西较短之近正方形，在城之西部，在中轴线上建宫城；宫城西侧太液池为内苑。宫城之东、西、北三面为市廛民居。京城街衢广阔，十字交错如棋盘，而于城之正中立鼓楼焉。城中规模气象，读《马可波罗行记》可得其大概。明之北京，将元城北部约三分之一废除，而展其南约里许，使成南北较短之近正方形，使皇城之前驰道加长，遂增进其庄严气象。及嘉靖增筑外城，而成凸字形之轮廓，并将城之全部砖甃，城中街衢冲要之处多立转角楼、牌坊等，而直城门诸大街，以城楼为其对景，在城市设计上均为杰作（图十一）。

◎ 图十一　北京城墙

◎ 图十一-1　北京永定门外城墙

◎ 图十一-2　北京正阳门及瓮城

◎ 图十一-3　北京城门

◎ 图十一-4 北京中华门

◎ 图十一-5 北京天安门前西千步廊

元、明以后,各地方城镇均已形成后世所见之规模。城中主要街道多为南北、东西相交之大街。相交点上之钟楼或鼓楼,已成为必具之观瞻建筑,而城镇中心往往设立牌坊,庙宇之前之戏台与照壁,均为重要点缀。

平面布置 在我国传统之平面布置上,元、明、清三代仅在细节上略有特异之点。唐、宋以前宫殿、庙宇之回廊,至此已加增其配殿之重要性,致使廊屋不呈现其连续周匝之现象。佛寺之塔,在辽、宋尚有建于寺中轴线上者,至元代以后,除就古代原址修建者外,已不复见此制矣。宫殿、庙宇之规模较大者胥增加其前后进数。若有增设偏院者,则偏院自有前后中轴线,在设计上完全独立,与其侧之正院鲜有图案等关系者。观之明、清实例,尤为显著,曲阜孔庙,北平智化寺、护国寺皆其例也。

至于各个建筑物之布置,如古东西阶之制,在元代尚见一二罕例,明以后遂不复见。正殿与寝殿间之柱廊,为金代建筑最特殊之布置法,元代尚沿用之,至明、清亦极罕见。而清宫殿中所喜用之"勾连搭",以增加屋之进深者,则前所未见之配置法也。

就建筑物之型类言,如殿宇、厅堂、楼阁等,虽结构及细节上有特征,但均为前代所有之类型。其为元、明、清以后所特有者,个别分析如下:

城及城楼 城及城楼，实物仅及明初，元以前实物，除山东泰安县（今泰安市）岱庙门为可疑之金、元遗构外，尚未发现也。山西大同城门楼，为城楼最古实例，建于明洪武间，其平面凸字形，以抱厦向外，与后世适反其方向。北平城楼为重层之木构楼，其中阜成门为明中叶物，其余均清代所建。北平角楼及各瓮城之箭楼、闸楼，均为特殊之建筑型类，甃以厚墙，墙设小窗，为坚强之防御建筑，不若城楼之纯为观瞻建筑也。至若皇城及紫禁城之门楼、角楼，均单层，其结构装饰与宫殿相同，盖重庄严华贵，以观瞻为前提也。

砖殿 元以前之砖建筑，除墓藏外，鲜有穹窿或筒券者。唐、宋无数砖塔除以券为门外，内部结构多叠涩支出，未尝见真正之发券。自明中叶以后，以筒券为殿屋之风骤兴，如山西五台山显庆寺、太原永祚寺、江苏吴县（今苏州）开元寺、四川峨眉山万年寺，均有明代之无梁殿，至于清代则如北平西山无梁殿（图十二）及北海、颐和园等处所见，实例不可胜数。此法之应用，与耶稣会士之东来有无关系，颇堪寻味。

佛塔 自元以后，不复见木塔之建造。砖塔已以八角平面为其标准形制，偶亦有作六角形者，仅极少数例外，尚作方形。塔上斗栱之施用，亦随木构比例而缩小，于是檐出亦短，佛塔之外轮廓线上已失去其檐下深影之水平重线。在塔身之收分上，各层相等收分，外线已鲜见唐宋圆和卷杀，塔表以琉璃

图十二　北京西山无梁殿

为饰,亦为明、清特征。瓶形塔之出现,为此期佛塔建筑一新献,而在此数百年间,各时期亦各有显著之特征。元、明之塔座,用双层须弥座,塔肚肥圆,十三天硕大,而清塔则须弥座化为单层,塔肚渐趋瘦直,饰以眼光门,十三天瘦直如柱,其形制变化殊甚焉。

陵墓　明、清陵墓之制,前建戟门、享殿,后筑宝城、宝顶,立方城、明楼,皆为前代所无之特殊制度。明代戟门称祾恩门,享殿称"祾恩殿";清代改祾恩曰"隆恩"。明代宝城,如南京孝陵及昌平长陵,其平面均为圆形,而清代则有正圆至长圆不等。方城、明楼之后，以宝城之一部分作月牙城，为清代所常见，而明代所无也。然而清诸陵中，形制亦极不一律。除宝顶之平面形状及月牙城之可有可无外，并方城、明楼亦可省却者，如西陵之慕陵是也。至于享殿及其前之配置，明、清大致相同，而清代诸陵尤为一律。

清代地宫据样式房雷氏图，仅有一室一门，如慕陵者，亦有前后多重门室相接者，则昌陵、崇陵皆其实例也。

桥 明、清以后，桥之构造以发券者为最多，在结构方法上，已大致标准化。至清代而并其形制、比例亦加以规定[1]，故北平附近清代官建桥梁，大致均同一标准形式。至于平版石桥、索桥、木桥，等等，则多散见于各地，各因地势、材料而异其制焉。

民居 我国对于居室之传统观念，有如衣服，鲜求其永固，故欲求三四百年以上之住宅，殆无存者，故关于民居方面之实物，仅现代或清末房舍而已。全国各地因地势及气候之不同，其民居虽各有其特征，然亦有其共征，盖因构架制之富于伸缩性，故能在极端不同之自然环境下，适宜应用。已详上文，今不复赘。

牌楼 宋、元以前仅见乌头门于文献，而未见牌楼遗例。

---

1 王璧文《清官式石桥做法》。

今所谓牌楼者，实为明、清特有之建筑型类。明代牌楼以昌平明陵之石牌楼为规模最大，六柱五间十一楼，唯为石建，其为木构原型之变形，殆无疑义，故可推知牌楼之形成，必在明以前也。大同旧镇署前牌楼，四柱三间，其斗栱、檐横贯全部，且作重檐，审其细节似属明构。清式牌楼，亦由官定则例[1]，有木、石、琉璃等不同型类。其石牌坊之做法，与明陵牌楼比较几完全相同。

庭园 我国庭园虽自汉以来已与建筑密切联系，然现存实物鲜有早于清初者。宫苑庭园除圆明园已被毁外，北平三海及热河行宫为清初以来规模；北平颐和园则清末所建。江南庭园多出名手，为清初北方修建宫苑之蓝本。

二　细节分析

阶基及踏道　元、明、清之阶基除最通常之阶基外，特殊可注意者颇多。安平圣姑庙全部建于高台之上，较大同华严寺、善化寺诸例尤为高峻，且全庙各殿均建于台上，盖非可作通常阶级论也。曲阳北岳庙德宁殿及赵城明应王殿阶级比例亦

1　梁思成《营造算例》，刘敦桢《牌楼算例》。

颇高。正定阳和楼之砖台则下辟券门，如城门之制，明、清二代如长陵祾恩殿、太庙前殿及北平清故宫诸殿均用三层或重层白石陛，绕以白石栏杆，而殿本身阶基亦多作须弥座，饰以雕花，至为庄严华丽。至若天坛圜丘，仅台三层，绕以白石栏杆，尤为纯净雄伟。宫殿阶陛之前侧各面，多出踏道一道或三道，其居中踏道之中部，更作御路，不作阶级，但以石版雕镌龙、凤、云水等纹，故宫太和门、太和殿阶陛栏杆及踏道之雕饰，均称精绝。

勾栏 元代除少数佛塔上偶见勾栏，大致遵循辽、金形制外，实物罕见。明、清勾栏，斗子蜀柱极为罕见。较之宋代，在比例上石栏杆趋向厚拙，木栏杆较为纤弱。《营造法式》木石勾栏比例完全相同，形制无殊。明、清官式勾栏，每版仅将巡杖以下荷叶墩之间镂空，其他部分自巡杖以至华版仅为一厚石版而已。每版之间均立望柱，故所呈印象望柱如林，与宋代勾栏所呈现象迥异。至若各地园庭池沼则勾栏样式千变万化，极饶趣味[1]，河北赵县永通桥上明正德间栏版则尚作斗子蜀柱，及斗子驼峰以承巡杖，有前期遗风，为仅有之孤例。

柱及柱础[2] 自元代以后，梭柱之制仅保留于南方，北方

---

1 梁思成、刘致平《建筑设计参考图集》第二集"石栏干"。
2 梁思成、刘致平《建筑设计参考图集》第七集"柱础"。

以直柱为常制矣。宣平延福寺元代大殿内柱，卷杀之工极为精美，柱外轮线圆和，至为悦目。柱下复用木㯶石础，如宋《营造法式》之制，北地官式用柱，至清代而将径与高定为一与十之比，柱身仅微收分，而无卷杀。柱础之上雕为鼓镜，不加雕饰。但在各地，则柱之长短大小亦无定则，或方或圆随宜选造。而柱础之制，江南、巴蜀率多高起，盖南方卑湿，为隔潮防腐计，势所使然，而柱础雕刻，亦多发展之余地矣。

文庙建筑之用石柱为一普遍习惯，曲阜大成殿、大成门、奎文阁等均用石柱，而大成殿蟠龙柱尤为世人所熟识。但就结构方法言，石柱与木合构，将柱头凿卯以接受木阑额之榫头，究非用石之道也。

门窗[1]　造门之制，自唐、宋迄明、清，在基本观念及方法上几全无变化。《营造法式》小木作中之版门及合版软门，尤为后世所常见。其门之安装，下用门枕，上用连楹以安门轴，为数千年来古法。连楹则赖门簪以安于门额，唯唐及初宋门簪均为两个，北宋末叶以后则四个为通常做法。门板上所用门钉，古者仅用以钉门于横楅，至明、清而成为纯粹之装饰品矣。

屋内槅扇所用方格毬纹、菱纹等图案，已详见于《营造

1　陈仲篪《识小录》，《中国营造学社汇刊》第六卷第二期。

法式》,为明、清宫殿所必用。《法式》所有各种直棂或波纹棂窗,至清代仅见于江南民居,而为官式所鲜用。清式之支摘窗及槛窗,则均未见于宋、元以前。在窗之设计方面,明、清似较前代进步焉。江南民居窗格纹样,较北方精致纤巧,颇多图案极精,饶有风趣者。

长春园欧式建筑之窗均为假窗,当时欧式楼观之建筑,盖纯为园中"布景"之用,非以兴居游宴寝处者,故窗之设亦非为通风取光而作也。

斗栱[1]　就斗栱之结构言,元代与宋应作为同一时期之两阶段观。元之斗栱比例尚大,昂尾挑起,尚保持其杠杆作用,补间铺作朵数尚少,每间两朵为最常见之例,曲阳德宁殿、正定阳和楼所见均如是。然而柱头铺作耍头之增大,后尾挑起往往自耍头挑起,已开明、清斗栱之挑尖梁头及溜金斗起秤杆之滥觞矣。

明、清二代,较之元以前斗栱与殿屋之比例,日渐缩小(图十三)。斗栱之高,在辽、宋为柱高之半者,至明、清仅为柱高五分或六分之一。补间铺作日见增多,虽明初之景福寺大殿及社稷坛享殿亦已增至四朵、六朵,长陵祾恩殿更增至八朵,以后明、清殿宇当心间用补间铺作八朵几已成为定律。补

---

[1]　梁思成、刘致平《建筑设计参考图集》第四集、第五集"斗栱"。

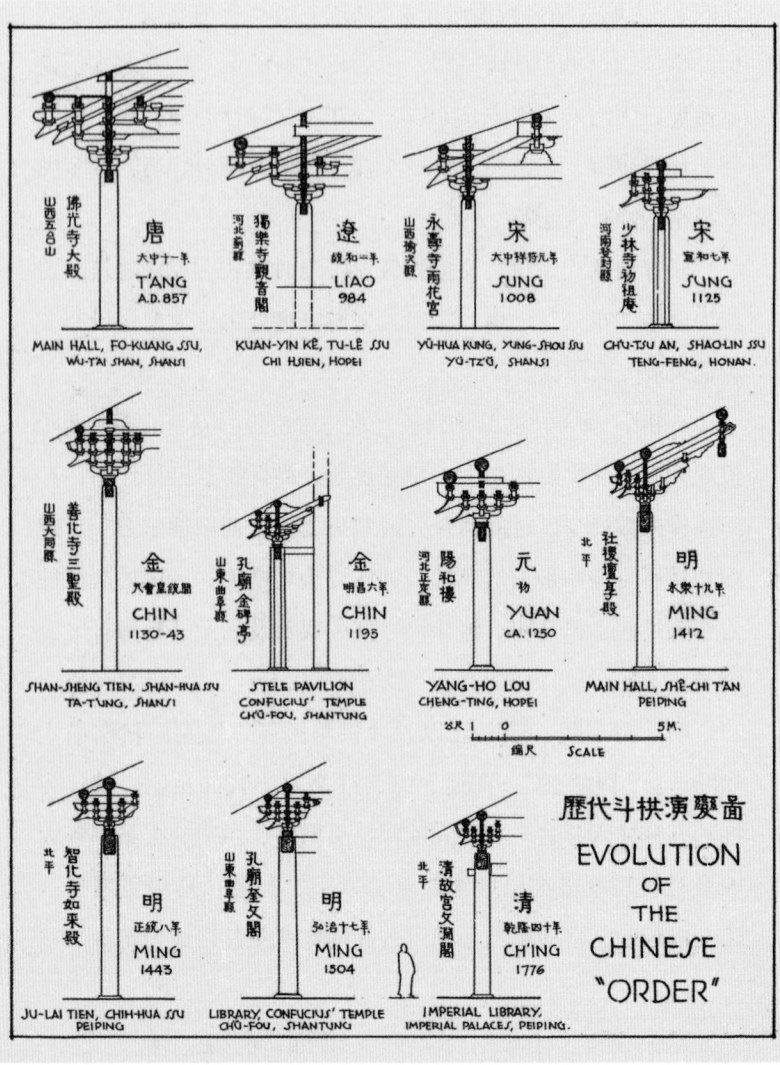

◎ 图十三　历代斗栱演变图

间铺作不唯不负结构荷载之劳，反为重累，于是阑额（清称额枋）在比例上渐趋粗大；其上之普拍枋（清称"平板枋"），则须缩小，以免阻碍地面对于纤小斗栱之视线，故阑额与普拍枋之关系，在宋、金、元为T形者，至明而齐，至明末及清则反成凸字形矣。

在材之使用上，明、清以后已完全失去前代之材契观念而仅以材之宽为斗口。其材之高则变为二斗口（二十分），不复有单材、足材之别。于是柱头枋上，往往若干材"实拍"累上，已将契之观念完全丧失矣。

在各件之细节上，昂之作用已完全丧失，无论为杪或昂均平置。明、清所谓之"起秤杆"之溜金斗，将耍头或撑头木（宋称"衬枋头"）之后尾伸引而上，往往多层相叠，如一立板，其尾端须特置托斗枋以承之，故宋代原为荷载之结构部分者，竟亦沦为装饰累赘矣。柱头铺作上之耍头，因为梁之伸出，不能随斗栱而缩小，于是梁头仍保持其必需之尺寸，在比例上遂显庞大之状，而挑尖梁头遂以形成（图十三）。

构架[1]　柱梁构架在唐、宋、金、元为富有机能者，至明、清而成单调少趣之组合，在柱之分配上，大多每缝均立柱，鲜有抽减以减少地面之阻碍而求得更大之活动面积者。梁之断

1　梁思成《清式营造则例》。

面，日趋近正方形，清式以宽与高为五与六之比为定则，在力学上殊不合理。梁架与柱之间，大多直接卯合，将斗栱部分减去，而将各架檩亦直接置于梁头，结构简单化，可谓为进步。明栿、草栿之别，至明、清亦不复存在，无论在其平暗之上、下，均做法相同。月梁偶只见于江南，官式则例已不复见此名称矣。

平梁之上，唐以前只立叉手承脊檩，宋、元立侏儒柱（脊瓜柱），辅以叉手，明、清以后，叉手已绝，而脊檩之重，遂改用侏儒柱直接承托。

举折之制，至清代而成举架，盖宋代先定举高而各架折下，至清代则例则先由檐步按五举、六举、七举、九举递加，故脊檩之高，由各架递举而得之偶然结果，其基本观念，亦与前代迥异也。

藻井[1]　平棊样式至明、清而成比例颇大之方井格，其花纹以彩画团花、龙凤为多，称"天花板"。藻井样式明代喜以斗栱构成复杂之如意斗栱，如景县开福寺大殿及南溪旋螺殿所见。至如太和殿之蟠龙藻井，雕刻精美，为此式中罕有之佳例。

墙壁　墙壁材料自古有砖、板筑、土砖三种。北平护国

1　梁思成、刘致平《建筑设计参考图集》第十集"藻井"。

寺千佛殿墙壁，土砖垒砌，内置木骨[1]，为罕贵实例。在砖墙之雕饰上，清代有磨砖对缝之法，至为精妙。雕砖及琉璃亦为砖墙上常见之装饰。明、清官式硬山山墙，作为墀头，为前代所未见。

屋顶[2] 屋顶等第制度，明、清仍沿前朝之制，以四阿（庑殿）为最尊，九脊（歇山）次之，厦两头（挑山）又次之，不厦两头（硬山）为下。清代四阿顶将垂脊向两山逐渐屈出，谓之"推山"，使垂脊在四十五度角上之立面不作直线，而为曲线。其制盖始于《营造法式》"两头增出脊檩"之法，至清代乃逐架递加其曲度，而臻成熟之境。九脊顶之两山，在宋代大多与梢间补间铺作取齐，至清代乃向外端移出，大致与山墙取齐，故两山之三角部分加大，宋、元两山皆如"挑山"之制，以梁架为内外之间隔，山际施垂鱼、惹草等饰。明、清官式则因向外端移出，遂须支以草架柱子，而草架柱子丑陋，遂掩以山花板。于是明、清官式歇山屋顶，遂与宋以前九脊顶迥然异趣矣。

屋顶瓦饰[3] 瓯瓦（筒瓦）、瓪瓦（板瓦），明、清仍沿前朝之旧，元代琉璃瓦实物未之见。清代琉璃瓦之用极为普遍。黄色

---

1 刘敦桢《北平护国寺残迹》，《中国营造学社汇刊》第六卷第二期。
2 梁思成《清式营造则例》。
3 梁思成《清式营造则例》。

最尊，用于皇宫及孔庙；绿色次之，用于王府及寺观；蓝色象天，用于天坛。其他红、紫、黑等杂色，用于离宫别馆。

瓦饰之制，宋代称为"鸱尾"者，清称"正吻"，由富有生趣之尾形变为方形之上卷起圆形之硬拙装饰。宋、金、元鸱尾比例瘦长，至明、清而近方形，上端卷起圆螺旋，已完全失去尾之形状。宋代垒瓦为脊者，至清代皆特为制范，成为分段之脊瓦，及其附属线道当沟等。垂脊与正脊相似而较小，垂兽形制尚少变化，但垂脊下端之蹲兽（走兽）及嫔伽（仙人）则数目增多，排列较密。

通常民居只用仰覆板瓦，上作清水脊，脊两端翘起，称"朝天笏"，为北平所最常见。

瓷瓦之法，北方多于椽上施望板，板上施草泥二三寸，以垫受瓦陇。盖因天寒，屋顶宜厚以取暖。南方则胥于椽上直接浮放仰瓦，其上更浮放覆瓦，不施灰泥，盖气候温和，足蔽雨露已足矣。

雕饰 明、清以后，雕刻装饰，除用于屋顶瓦饰者外，多用于阶基、须弥座、勾栏；石牌坊、华表、碑碣、石狮，亦为施用雕刻之处。太和殿石陛及勾栏、踏道、御路，皆雕作龙、凤、狮子、云水等纹；殿阶基须弥座上下作莲瓣，束腰则饰以飘带纹。雕刻之功，虽极精美，然均极端程式化，艺术造诣不足与唐、宋雕刻相提并论也。

彩画　元代彩画仅见于安平圣姑庙，然仅红土地上之墨线画而已。北平智化寺明代彩画，尚有宋《营造法式》"豹脚""合蝉燕尾""簇三"之遗意。青绿叠晕之间，缀以一点红，尤为夺目。清官式有"合玺"与"旋子"两大类。合玺将梁枋分为若干格，格内以走龙、蟠龙为主要母题；旋子作分瓣圆花纹于梁枋近两端处，因旋数及金色之多寡以定其等第；离宫别馆、民居则有作写生花纹等。更有将说部、戏剧绘于梁枋者，亦前代所未见也。

若繁若素：中国佛教、壁画中的古建

敦煌壁画中所见的中国古代建筑

敦煌文物研究所在北京举行的展览是目前爱国主义教育中一个重要的环节。通过这个展览，通过敦煌辉煌的艺术遗产，我们从形象方面看到了的不只是我们的祖先在一段一千年的长时期间在艺术方面伟大惊人的成就，而且看到了古代社会文化的许多方面。敦煌的壁画还告诉了我们，中华文化之形成是由许多民族共同努力创造的果实；在那里，我们看到了许多今天中国的少数民族的祖先对于中华文化的不容否认、不可磨灭的贡献。敦煌的壁画还告诉了我们，在当时，这些壁画是服务于广大人民的（虽然是为当时广大人民的宗教迷信），而且是人民的匠师们所绘画的——敦煌的壁画没有个别画师的署名；在题材方面，若不是天真地表现一个理想的净土，就是忠实地描画出生活的现实，再不然是坦率地装饰一片墙壁上主题间留下的空隙。敦煌壁画中找不出强调个人，脱离群众，以抒写文人胸襟为主的山水画。在敦煌窟壁上劳动的画师们都是熟悉人民的生活的、大众化的艺术家。通过他们的线条和彩色，他们把千年前社会生活的各方面的状态,以及他们许多的幻想,都最忠实地——虽然通过宗教题材——给我们保存下来。敦煌千佛洞的壁画不唯是伟大的艺术遗产,而且是中国文化史中一份无比珍贵、无比丰富的资料宝藏。关于北魏至宋元一千年间的生活习惯,如舟车、农作、服装、舞乐等等方面;绘画中和装饰图案中的传统,如布局、取材、线条、设色等等的作风和演变方面;建筑的类型、布局、结构、雕饰、彩画方面,都可由敦煌石窟取得无限量的珍贵资料。

中国建筑属于中唐以前的实物,现存的绝大部分都是砖石佛塔。我们对于木构的殿堂房舍的知识十分贫乏,最古的只到五台山佛光寺八五七年建造的正殿一个孤例,而敦煌壁画中却有从北魏至元数以千计的,或大或小的,各型各类各式各样的建筑图,无异为中国建筑史填补了空白的一章。它们是次于实物的最好的、最忠实的、最可贵的资料。不但如此,更重要的是这些壁画说明了:在从印度经由西域输入的佛教思想普遍的浪潮下,中国全国各地的劳动人民中的工艺和建筑的匠师们,在佛教艺术初兴、全盛,以至渐渐衰落的一千年间,从没有被外来的样式所诱惑、所动摇,而是富有自信心的运用他们的智巧,灵活的应用富于适应性的中国自己的建筑体系来适合于新的需求。伟大的建筑匠师们,在这一千年间,从本国的技术知识、艺术传统所创造出来的辉煌成绩,更证明了中国建筑的优越特点。许多灿烂成绩,在中原一千年间,时起时伏,断断续续的无数战争中，在自然界的侵蚀中，在几次"毁法""灭法"的反宗教禁令中，乃至在后世"信男善女"的重修重建中，已几乎全部毁灭，只余绝少数的鳞爪片段。若是没有敦煌壁画中这么忠实的建筑图样，则我们现在绝难对于那时期间的建筑得到任何全貌的，即使只是外表的认识。敦煌壁画给了我们充分的资料，不但充实了我们得自云冈、天龙山、响堂山等石窟的对于魏、齐、隋建筑的一知半解，且衔接着更古更少的汉晋诸阙和墓室给我们补充资料；下面也正好与我们所知的唐末宋初实物可以互相参证；供给我们一系列建筑式样在演变过程中的实例。它们填补了中国建筑史中重要的一章，它们为我们对中国建筑传统的知识接上一个不可缺少的环节。

所长常书鸿先生命作者撰稿介绍敦煌的建筑。作者兴奋地接受了这任务，等到执笔在手，才感觉到自己的鲁莽，太不量力，没有估计到我所缺乏的条件。现在只好努力做一次抛砖的尝试。

我们所已经知道的中国建筑的主要特征

在讨论敦煌所见的建筑之先，我必须先简略地叙述一下中国建筑传统的特征。

至迟在公元前一千四五百年，中国建筑已肯定地形成了它的独特的系统。在个别建筑物的结构上,它是由三个主要部分组成的,即台基、屋身和屋顶。台基多用砖石砌成,但亦偶用木构。屋身立在台基之上,先立木柱,柱上安置梁和枋以承屋顶。屋顶多覆以瓦,但最初是用茅茸的。在较大较重要的建筑物中,柱与梁相交接处多用斗栱为过渡部分。屋身的立柱及梁枋构成房屋的骨架,承托上面的重量;柱与柱之间,可按需要条件,或砌墙壁,或装门窗,或完全开敞(如凉亭),灵活地分配。

至于一所住宅、官署、宫殿或寺院,都是由若干座个别的主要建筑物,如殿堂、厅舍、楼阁等,配合上附属建筑物,如厢耳、廊庑、院门、围墙等,周绕联系,中留空地为庭院,或若干相连的庭院。

◎ 敦煌壁画中的城门

这种庭院最初的形成无疑地是以保卫为主要目的的。这同一目的的表现由一所住宅贯彻到一整个城邑。随着政治组织的发展，在城邑之内，统治阶级能用军队或"警察"的武力镇压人民，实行所谓"法治"，于是在城邑之内，庭院的防御性逐渐减少，只借以隔别内外，区划公私（敦煌壁画为这发展的步骤提供了演变中的例证）。例如汉代的未央宫、建章宫等，本身就是一个城，内分若干庭院；至宋以后，"宫"已缩小，相当于小组的庭院，位于皇宫之内，本身不必再有自己的防御设备了。北京的紫禁城，内分若干的"宫"，就是宋以后宫内有宫的一个沿革例子。在

◎ 炳灵寺第3窟唐代单檐塔

其他古代文化中，也都曾有过防御性的庭院，如在埃及、巴比伦、希腊、罗马就都有过。但在中国，我们掌握了庭院部署的优点，扬弃了它的防御性的布置，而保留它的美丽廊庑内心的宁静，能供给居住者庭内"户外生活"的特长，保存利用至今。

数千年来，中国建筑的平面部署，除去少数因情形特殊而产生的例外外，莫不这样以若干座木构骨架的建筑物联系而成庭院。这个中国建筑的最基本特征同样地应用于宗教建筑和非宗教建筑。我们由于敦煌壁画得见佛教初期时情形，可以确切地说宗教的和非宗教的建筑在中国自始就没有根本的区别。

究其所以，大概有两个主要原因。第一是因为功用使然。佛教不像基督教或伊斯兰教，很少有经常数十、百人集体祈祷或听讲的仪式。佛教是供养佛像的，是佛的"住宅"，这与古希腊罗马的神庙相似。其次是因为最初的佛寺是由官署或住宅改建的。汉朝的官署多称"寺"。传说佛教初入中国后第一所佛寺是白马寺，因西域白马驮经来，初止鸿胪寺，遂将官署的鸿胪寺改名而成宗教的白马寺。以后为佛教用的建筑都称寺，就是袭用了汉代官署之名。

《洛阳伽蓝记》所载：建中寺"本是阉官司空刘腾宅……以前厅为佛殿，后堂为讲室"；"愿会寺，中书舍人王翊舍宅所立也"等舍宅建寺的记载，不胜枚举。佛寺、官署与住宅的建筑，在佛教初入时基本上没有区别，可以互相通用；一直到今天，大致仍然如此。

◎ 莫高窟第148窟 单檐木塔

几件关于魏唐木构建筑形象的重要参考资料

我们对于唐末五代以上木构建筑形象方面的知识是异常贫乏的。最古的图像只有春秋铜器上极少见的一些图画。到了汉代，亦仅赖现存不多的石阙、石室和出土的明器、漆器。晋、魏、齐、隋，主要是靠云冈、天龙山、南北响堂山诸石窟的窟檐和浮雕，和朝鲜汉江流域的几处陵墓，如所谓"天王地神冢""双楹冢"等。到了唐代，砖塔虽渐多，但是如云冈、天龙山、响堂诸山的窟檐却没有了,所赖主要史料就是敦煌壁画。壁画之外,仅有一座公元857年的佛殿和少数散见的资料,可供参考,作比较研究之用。

敦煌壁画中,建筑是最常见的题材之一种,因建筑物最常用作变相和各种故事画的背景。在中唐以后最典型的净土变中,背景多由辉煌华丽的楼阁亭台组成。在较早的壁画,如魏隋诸窟狭长横幅的故事画,以及中唐以后净土变两旁的小方格里的故事画中,所画建筑较为简单,但大多是描画当时生活与建筑的关系的,供给我们另一方面可贵的资料。

与敦煌这类较简单的建筑可作比较的最好的一例是美国波士顿美术馆藏物,洛阳出土的北魏宁懋墓石室。按宁懋墓志,这石室是公元529年所建。在石室的四面墙上,都刻出木构架的形状,上有筒瓦屋顶;墙面内外都有阴刻的"壁画",亦有同样式的房屋。檐下有显著的人字形斗栱。这些特征都与敦煌壁画所见简单建筑物极为相似。

属于盛唐时代的一件罕贵参考资料是西安慈恩寺大雁塔西面门楣石上阴刻的佛殿图。图中柱、枋、斗栱、台基、椽檐、屋瓦,以及两侧的回廊,都用极精确的线条画出。大雁塔建于唐武则天长安年间(公元701—704年),以门楣石在工程上难以移动的位置和图中所画佛殿的样式来推测(与后代建筑和日本奈良时代的实物相比较),门楣石当是八世纪初原物。由这幅图中,我们可以得到比敦煌大多数变相图又早约二百年的比较研究资料。

◎ 北魏宁懋墓石室上的建筑图像

唐末木构实物，我们所知只有一处。1937年6月，中国营造学社的一个调查队，是以第六一窟的"五台山图"作为"旅行指南"，在南台外豆村附近"发现"了至今仍是国内已知的惟一的唐朝木建筑——佛光寺的正殿。在那里，我们不惟找到了一座唐代木构，而且殿内还有唐代的塑像、壁画和题字。唐代的书、画、塑、建，四种艺术，荟萃一殿，据作者所知，至今还是仅此一例。当时我们研究佛光寺，敦煌壁画是我们比较对照的主要资料；现在返过来以敦煌为主题，则佛光寺正殿又是我们不可缺少的对照资料了。

在"发现"佛光寺唐代佛殿以前，我们对于唐代及以前木构建筑在形象方面的认识，除去日本现存几处飞鸟时代（公元

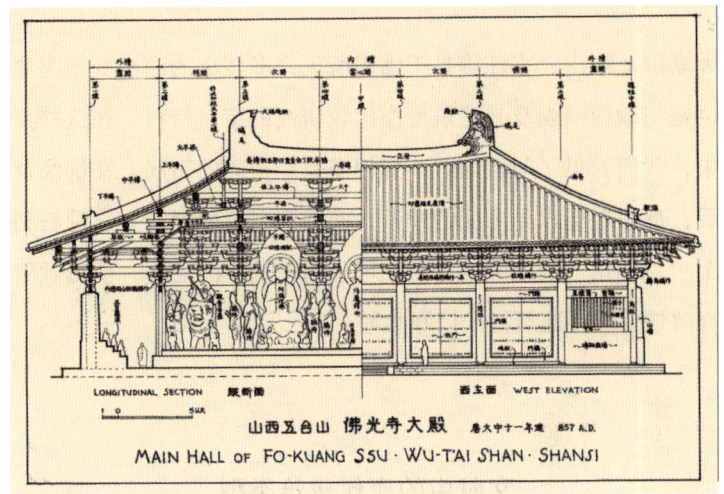

◎ 山西五台山佛光寺大殿

552—645年），奈良时代（公元645—784年），平安前期（公元784—950年）模仿隋唐式的建筑外，惟一的资料就是敦煌壁画。自从国内佛光寺佛殿之"发现"，我们才确实地得到了一个唐末罕贵的实例；但是因为它只是一座屹立在后世改变了的建筑环境中孤独的佛殿，它虽使我们看见了唐代大木结构和细节处理的手法；而要了解唐代建筑形象的全貌，则还得依赖敦煌壁画所供给的丰富资料。更因为佛光寺正殿建于公元857年，与敦煌最大多数的净土变相属于同一时代。我们把它与壁画中所描画的建筑对照，可以知道画中建筑物是忠实描写，才得以证明壁画中资料之重要和可靠的程度。

四川大足县北崖佛湾公元895年的唐末阿弥陀净土变摩崖

大龛以及乐山、夹江等县千佛崖所见许多较小的净土变摩崖龛也是与敦煌壁画及其建筑可作比较研究的宝贵资料。在这些龛中，我们看见了与敦煌壁画变相图完全相同的布局。在佛像背后，都表现出殿阁廊庑的背景，前面则有层层栏杆。这种石刻上"立体化"的壁画，因为表现了同一题材的立体，便可做研究敦煌壁画中建筑物的极好参考。

文献中的唐代建筑类型

其次可供参考的资料是古籍中的记载。从资料比较丰富的，如张彦远《历代名画记》、段成式《酉阳杂俎·寺塔记》、郭若虚《图画见闻志》等书中，我们也可以得到许多关于唐代佛寺和壁画与建筑关系的资料。由这三部书中，我们可以找到的建筑类型颇多，如院、殿、堂、塔、阁、楼、中三门、廊等。

这些类型的建筑的形象，由敦煌壁画中可以清楚地看见。我们也得以知道，这一切的建筑物都可以有，而且大多有壁画。画的位置，不惟在墙壁上，简直是无处不可以画，题材也非常广泛。如门外两边、殿内、廊下、殿窗间、塔内、门扇上、叉手下、柱上、檐额，乃至障日版、钩栏，都可以画。题材则有佛、菩萨，各种的净土变、本行变、神鬼、山水、水

◎ 榆林窟第25窟南壁局部

族、孔雀、龙、凤、辟邪，乃至如尉迟乙僧在长安奉恩寺所画的"本国（于阗）王及诸亲族次"，洛阳昭成寺杨廷光所画的"西域图记"等。由此得知，在古代建筑中，不惟普遍地饰以壁画，而且壁画的位置和题材都是没有限制的。

上述各项形象的和文字的资料，都是我们研究敦煌壁画中，所描画的建筑，和若干窟外残存的窟檐的重要旁证。

此外，无数辽、宋、金、元的建筑和宋《营造法式》一书都是我们所要用作比较的后代资料。

敦煌壁画中所见的建筑类型和建造情形

前面三节所提到的都是在敦煌以外我们对于中国建筑传统所能得到的知识，现在让我们集中注意到敦煌所能供给我们的资料上，看看我们可以得到的认识有一些什么，它们又都有怎

榆林窟第25窟南壁 观无量寿经变

样的价值。

从敦煌壁画中所见的建筑图中，在庭院之部署方面，建筑类型方面，和建造情形方面，可得如下的各种：

甲、院的部署

中国建筑的特征不仅在个别建筑物的结构和样式，同等重要的特征也在它的平面配置。上文已说过，以若干建筑物周绕而成庭院是中国建筑的特征，即中国建筑平面配置的特征。这种庭院大多有一道中轴线（大多南北向）。主要建筑安置在此线上，左右以次要建筑物对称均齐地配置。直至今日，中国的建筑，大至北京明清故宫，乃至整个的北京城，小至一所住宅，都还保持着这特征。

敦煌第六十一窟左方第四画上部所画大伽蓝，共三院；中央一院较大，左右各一院较小，每院各有自己的院墙围护。第

◎ 莫高窟第205窟局部

一四六窟和第二〇五窟也有相似的画,虽然也是三院,但不个别自立四面围墙,而在中央大院两旁各附加三面围墙而成两个附属的庭院。

位置在这类庭院中央的是主要的殿堂。庭院四周绕以回廊;廊的外柱间为墙堵,所以回廊同时又是院的外墙。在正面外墙的正中是一层、二层的门或门楼,一间或三间。正殿之后也有类似门或后殿一类的建筑物,与前面门相称。正殿前左右回廊之中,有时亦有左右两门,亦多作两层楼。外墙的四角多有两层的角楼。一般的庭院四角建楼的布置,至少在形式上还保存着古代防御性的遗风。但这种部署在宋元以后已甚少,仅曲阜孔庙和沈阳北陵尚保存此式。

◎ 莫高窟第61窟大清凉寺局部

第六十一窟"五台山图"有伽蓝六十余处,绝大多数都是同样的配置;其中"南台之顶",正殿之前,左有三重塔,右有重楼,与日本奈良的法隆寺(公元七世纪)的平面配置极相似,日本的建筑史家认为这种配置是南朝的特征,非北方所有,我们在此有了强有力的反证,证明这种配置在北方也同样地使用。

至于平民住宅平面的配置,在许多变相图两侧的小画幅中可以窥见。其中所表现的虽然多是宫殿或住宅的片段,一角或一部分,院内往往画住者的日常生活,其配置基本上与佛寺院落的分配大略相似。

在各种变相图中,中央部分所画的建筑背景也是正殿居中，其后多有后殿，两侧有廊，廊又折而向前，左右有重层的楼阁，就是上述各庭院的内部景象。这种布局的画，计在数十幅以上，应是当时宫殿或佛寺最通常的配置，所以有如此普遍的表现。

在印度阿旃陀窟寺壁画中所见布局，多以尘世生活为主，而在背景中高处有佛陀或菩萨出现，与敦煌以佛像堂皇中坐者相反。汉画像石中很多以西王母居中，坐在楼阁之内，左右双阙对峙，乃至夹以树木的画面，与敦煌净土变相基本上是同样的布局，使我们不能不想到敦煌壁画的净土原来还是王母瑶池的嫡系子孙。其实它们都只是人间宏丽的宫殿的缩影而已。

乙、个别建筑物的类型

如殿堂、层楼、角楼、门、阙、廊、塔、台、墙、城墙、桥等。

(一) 殿堂

佛殿、正殿、厅堂都归这类。殿堂是围墙以内主要或次要的建筑物。平面多作长方形，较长的一面多半是三间或五间。变相图中中央主要的殿堂多数不画墙壁。偶有画墙的，则墙只在左右两端，而在中间前面当心间开门，次间开窗，与现在一般的办法相似。在旁边次要的图中所画较小的房舍，墙的使用则较多见。魏隋诸窟所见殿堂房舍，无论在结构上或形式上，都与洛阳宁懋石室极相似。

◎ 莫高窟第148窟五开间正殿建筑

(二)层楼

汉画像石和出土的汉明器已使我们知道中国多层楼屋源始之古远。敦煌壁画中,层楼已成了典型的建筑物。无论正殿、配殿、中三门,乃至回廊、角楼都有两层乃至三层的。层楼的每层都是由中国建筑的基本三部分——台基、屋身、屋顶——垒叠而成的:上层的台基采取了"平坐"的形式,除最上一层的屋顶外,各层的屋顶都采取了"腰檐"的形式;每层平坐的周围都绕以栏杆。城门上也有层楼,以城门为基,其上层与层楼的上层完全相同。

壁画中最特别的重楼是第六一窟右壁如来净土变佛像背后的八角二层楼。楼的台基平面和屋檐平面都由许多弧线构成。

榆林窟25窟南壁 台基与台阶

所有的柱、枋、屋脊、檐口等无不是曲线。整座建筑物中，除去栏杆的望柱和蜀柱外，仿佛没有一条直线。屋角翘起，与敦煌所有的建筑不同。屋檐之下似用幔帐张护。这座奇特的建筑物可能是用中国的传统木构架，求其取得印度窣堵坡的形式。这个奇异的结构，一方面可以表示古代匠师对于传统坚决的自信心，大胆地运用无穷的智巧来处理新问题；一方面也可以见出中国传统木构架的高度适应性。这种建筑结构因其通常不被采用，可以证明它只是一种尝试。效果并不令人满意。

（三）角楼

在庭院围墙的四角和城墙的四角都有角楼。庭院的角楼与一般的层楼形制完全相同。城墙的角楼以城墙为基，上层与层楼的上层完全一样。

（四）大门

壁画中建筑的大门，即《历代名画记》所称中三门、三门，或大三门，与今日中国建筑中的大门一样，占着同样的位置，而成一座主要的建筑物。大门的平面也是长方形，面宽一至三间，在纵中线的柱间安设门扇。大门也有砖石的台基，有石阶或斜道可以升降，有些且绕以栏杆。大门也有两层的，由《历代名画记》"兴唐寺三门楼下吴（道子）画神"一类的记载和日本奈良法隆寺中门实物可以证明。

（五）阙

在敦煌北魏诸窟中，阙是常见的画题，如二五四窟，主要

◎ 莫高窟第172窟局部

◎ 莫高窟第445窟局部

建筑之旁,有状似阙的建筑物,二五四窟壁上有阙形的壁龛。阙身之旁,还有子阙。两阙之间,架有屋檐。阙是汉代宫殿、庙宇、陵墓前路旁分立的成对建筑物,是汉画像石中所常见。实物则有山东、四川、西康十余处汉墓和崖墓摩崖存在。但两阙之间没有屋檐,合乎"阙者阙也"之义。与敦煌所见略异。到了隋唐以后,阙的原有类型已不复见于中国建筑中。在南京齐梁诸陵中,阙的位置让给了神道石柱,后来可能化身为华表,如天安门前所见;它已由建筑物变为建筑性的雕刻品。它

◎ 莫高窟第172窟局部

另一方向之发展，就成为后世的牌楼。敦煌所见是很好的一个过渡样式的例证。而在壁画中可以看出，阙在北魏的领域内还是常见的类型。

（六）廊

廊在中国建筑群之组成中几乎是不可缺少的构成单位。它的位置与结构，充足的光线使它成为最理想的"画廊"，因此无数名师都在廊上画壁，提高了廊在建筑群中的地位。由建筑的观点看，廊是狭长的联系性建筑，也用木构架，上面覆以屋顶；向外的一面，柱与柱之间做墙，间亦开窗；向里一面则完

◎ 莫高窟第321窟局部

全开敞着。廊多沿着建筑群的最外围的里面,由一座主要建筑物到另一座建筑物之间联系着周绕一圈,所以廊的外墙往往就是建筑群的外墙。它是雨雪天的交通道。在举行隆重仪式时,它也是最理想的排列仪仗侍卫的地方。后来许多寺庙在庙会节日时,它又是摊贩市场,如宋代汴梁(开封)的大相国寺便是。

(七)塔

古代建筑实物中,现存最多的是佛塔。它是古建筑研究中材料最丰富的类型。塔的观念虽然是纯粹由印度输入的,但在中国建筑中,它却是一个在中国原有的基础上,结合外来因素,适合存在条件而创造出来的民族形式建筑的最卓越的实例。

关于佛塔最早的文献,当推《后汉书·陶谦传》中丹阳郡人笮融"大起浮图,上累金盘,下为重楼"的记载(《三国志·吴志·刘繇传》略同)。"重楼"是汉明器中所常见,被称为"望仙楼","捕鸟塔"一类的平面方形的多层木构建筑,"金盘"就是印度窣堵坡上的刹,所以它是基本上以中国原有的"重楼"加上印度输入的"金盘"结合而成的。由敦煌壁画中和日本现存的许多实例中可以证明。

为了使塔能长久存在,砖石就渐渐代替了木材而成为后世建塔的主要材料。从塔本身的性质和对于它能长久屹立的要求上说,这种材料之更改是发展的、进步的。所以现存的佛塔几乎全部是砖造或石造的。其中有少数以砖石为主,而加以木檐木廊，如苏州虎丘塔，罗汉院双塔，杭州六和塔，保俶塔和已坍塌了的雷峰塔等宋塔都属于这类。也有下半几层是砖造而上半几层是木造的，唯一的实例是河北正定县天宁寺的宋代"木塔"。国内现存全部木构的佛塔仅有察哈尔应县[1]佛宫寺的辽代木塔一处。然而砖石塔在外表形式上仍多模仿木塔形式，所以我们必须先了解木塔。

敦煌壁画中所见的佛塔，可分为下列六种：木有单层木塔和多层木塔；砖石塔有窣堵坡式塔，单层砖石塔和多层砖石塔；还有砖石合用塔。至于后世常见的密檐塔（如北京天宁寺塔）则不见于敦煌壁画中。

（甲）单层木塔 壁画中很多四方或八角或圆形的单层木建筑，或平面等边多角或圆形的小殿，即建筑术语所谓"中心式"建筑。这些建筑顶上都有刹，再证以现存若干单层塔（详下文），所以将它们归于塔类，七十六窟壁画中有三座这种单层方形木塔，形式略似北京故宫中和殿，也似随处可见的无数方亭。台基多作成须弥座，前有阶，上有栏杆。方塔每面三间，当心间稍阔，开门；次间稍窄，开窗。柱上有斗栱。檐椽两重。屋顶是"四角攒尖"，尖上立刹；刹顶有链四道，系于四角。二三七号窟所见，不画门窗，内画如来、多宝二佛并肩坐，须弥座亦画彩画。

---

[1] 今山西应县。

第六十一窟"五台山图"中，大法华之寺则有单层八角木塔，台基、栏杆、刹、链都与四角的相同，但平面八角八面，每面一间，四正面开门，四斜面开窗。这种单层八角塔也常常出现于走廊瓦顶上（也许是不准确的透视所引起的错觉，实际所画可能是表示由廊后露出）或走廊转角处。日本法隆寺东院木构的梦殿（公元739年）与壁画中所见者几乎完全相同。河南嵩山会善寺净藏禅师墓塔（公元745年）虽是砖造，但外表砌出柱、枋、斗栱，亦可作此类型的参考。

壁画中也有平面圆形的单层木构，大致与八角的相似，但枋额和檐边线皆作圆形。屋顶无垂脊，刹上亦有链子垂系檐边。由天坛皇穹宇（公元1539年）可以对于此类型的形状得到约略的印象。

（乙）多层木塔　壁画中所见木塔颇多，层数由四层至六、七层不等，而以四层为最多见；这一点与后世习惯用奇数为层数的习惯颇有出入。木塔平面都是方形，每面三间，立在砖造或石造的台基上。第一层中间开门，次间开窗，向上每层高度与宽度递减，仅在中间开窗。塔之全部就是将若干层单层木塔垒叠而成，有些每层有平坐和栏杆，但亦有很多没有的。日本现存奈良时代若干木塔，与壁画中所见者极相似。《洛阳伽蓝记》所记的永宁寺北魏胡太后塔就是关于这一类型最好的文献。

（丙）窣堵坡式塔　佛塔的起源本是墓塔。第一四六窟画中墓塔一座，周围绕以极矮的围墙，正面敞阙无门。塔身作半圆球形，立在扁平的塔基上，颇似印度山齐（Sanchi）大塔。这是印度原有的塔型，在壁画中虽有，但比较少见。较常见的一式则改变了印度的半圆球形原状，将塔身加高如钟形，而且将塔上的刹在比例上加大。佛教由印度输入中国，到了西陲的敦煌，而窣堵坡已如此罕见，而在现存实物中，除五台山佛光寺所谓"刘知远墓"一处大概是唐末或五代的孤例外，更未发现任何实例，实在是可异的现象。佛教虽在中国思想界引起了划时代的变化，但在建筑样式和结构方面，它的影响则极为微渺。建筑是在实践中累积起来的劳动经验，任何变化必需由存在的物质条件和基础上发展，不会凭空而有所改变，由此可以得到最有力的证明。

（丁）单层砖石塔　平面正方形，立在正方或圆的台基上，四面都有券门，券面作火焰形，门内有佛像。檐部用叠涩出檐——即每层砖或石较下一层挑出少许而成檐。檐边及四角有"山花蕉叶"——即翘起的叶形雕饰。顶上有半圆球形的"覆钵"，钵上立刹。自刹有链下垂，系于四角。现存实物中历代砖石的单层塔颇多，其中大多是墓塔。最大最古的一座是山东历城县[1]神通寺所谓"四门塔"（公元544年）。这一类型见于壁画中者甚多。

1　今济南市历城区。

(戊)多层砖石塔 壁画中有将单层砖石塔垒叠而成的多层砖石塔。上几层都有平坐和栏杆;每层檐角且有铃。近似这类型的实物颇多,而完全相同的实例则还未曾见过。例如长安[1]慈恩寺大雁塔(公元701—704年),兴教寺玄奘塔(公元669年)都近似这类型,但外表都用砖砌作柱、枋、斗栱形状。

(己)木石混合塔 壁画中有下层是木构而上层是窣堵坡的混合结构。按形状推测,像足以高身的窣堵坡,在下部的周围建造木廊,而在上面将窣堵坡露出者。国内现存实物中则无此例。

敦煌壁画中所见的佛塔,除去单层木构的"梦殿"式一例外,平面没有八角形的。国内现存佛塔,唐及以前者(除净藏禅师墓塔一孤例外)也没有八角形的;自辽宋以后,八角形才成了佛塔的标准平面。由壁画中更可以证明八角塔是第十世纪中叶以后的产物。

(八)台

壁画中有一种高耸的建筑类型,下部或以砖石包砌成极高的台基,如一座孤立的城楼;或在普通台基上,立木柱为高基,上作平坐,平坐上建殿堂。因未能确定它的名称,姑暂称之曰台。按壁画所见重楼,下层柱上都有檐,檐瓦以上再安平坐。但这一类型的台,则下层柱上无檐,而直接安设平坐,周

---

[1] 今西安。

◎ 莫高窟第103窟局部

若繁若素：中国佛教、壁画中的古建

有栏杆，因而使人推测，台下不作居住之用。美国华盛顿付理尔美术馆所藏赃物，从平原省磁县南响堂山石窟盗去的隋代石刻，有与此同样的木平坐台。

由古籍中得知，台是中国古代极通常的建筑类型，但后世已少见。由敦煌壁画中这种常见的类型推测，古代的台也许就是这样，或者其中一种是这样的。至如北京的团城，河北安平县圣姑庙（公元1309年），都在高台上建立成组的建筑群，也许也是台之另一种。

（九）围墙

上文已叙述过回廊是兼作围墙之用的，多因廊柱木构架而造墙，壁画中也有砖砌的围墙，但较少见。若干住宅前，用木栅做围墙的也见于壁画中。

（十）城

中国古代的城邑虽至明代才普遍用砖包砌城墙；但由敦煌壁画中认识，用砖包砌的城在唐以前已有。壁画中所见的城很多，多是方形，在两面或正中有城门楼。壁画中所画建筑物，比例大多忠实，惟有城墙，显然有特别强调高度的倾向，以致城门极为高狭。楼基内外都比城墙略厚，下大上小，收分显著。楼基上安平坐斗栱，上建楼身。楼身大多广五间，深三间。平坐周围有栏杆围绕。柱上檐下都有斗栱，屋顶多用歇山（即九脊）顶。城门洞狭而高，不发券而成梯形。不久以前拆毁的泰安岱庙金代大门尚作此式。城门亦有不作梯形，亦不发

◎ 莫高窟第85窟局部

券,而用木过梁的。梁分上下二层,两层之间用斗栱一朵,如四川彭山县许多汉崖墓门上所见。至于城门门扇上的门钉、铺首、角叶都与今天所用者相同。城墙上亦多有腰墙和垛口。至如后世常见的瓮城和敌台,则不见于壁画中。

角楼是壁画中所画每一座城角所必有。壁画中寺院的围墙都必有角楼,城墙更必如此。由此可见,在平面配置上,由一个院落以至一座城邑,基本原则是一样而且一贯的。这还显示着古代防御性的遗制。现存明清墙角楼,平面多作曲尺形,随着城墙转角。敦煌壁画所见则比较简单,结构与上文所述城门楼相同而比城门楼略为矮小。

◎ 敦煌壁画中的角楼

壁画中最奇特的一座城是第二一七窟所见。这座城显然是西域景色。城门和城内的房屋显然都是发券构成的,由各城门和城内房屋的半圆形顶以及房屋两面的券门可以看出。

(十一)桥

壁画中多处发现,全是木造,桥面微微栱起,两旁护以栏杆。这种桥在日本今日仍极常见。

丙、施工的情形

四四五窟北壁盛唐的"修建图"描绘了一座尚未完工的重楼，使我们得见唐代建造情形和方法。这座楼已接近完成。立在砖砌的台基上的两层楼身，木构骨架已树立好，面且墙壁也已做完。台基每面都有台阶；柱上有简单的斗栱；上层四周有平坐，周围绕以栏杆。这都是已完工的部分。然而工程尚在继续进行，七个工人还在工作，地上还放着许多木料和瓦。下层的檐正在准备铺瓦，四个泥瓦工正在向檐上输送材料；两人运泥，地面的一人将泥兜子系在绳上，檐上的一人向上收绳提上去；另两人运瓦，一人爬上梯子递砖上去，一人在檐上接收。其余三个工人，两人在檐上，一人在地上，正在将木料运上去，上层梁架已安置妥当，但还未安椽子。这梁架是壁画中楼阁所用最典型的歇山顶的梁架。图中可以看出四角的角梁，大角梁的后尾交代在平梁梁头上；大角梁前段上面安着仔角梁，微微向上翘起，与今日做法完全相同。与后世不同之点在平梁以上的处理方法。由汉朱鲔石室，日本法隆寺迴廊，以至佛光寺大殿，我们都看见平梁之上安放作人字形对倚的"叉手"，与平梁合成三角形的构架。

至五代前后，三角形之内出现了直立的"侏儒柱"，其后侏儒柱逐渐加大，叉手日渐缩小，至明初而叉手完全消失，只用侏儒柱。此图中所见,既非侏儒柱,亦非叉手,却是一个驼峰,峰上安置一个斗,以承托脊檩。但是驼峰事实上是一个实心的叉手,由常见魏隋以及中唐的人字形补间斗栱之逐步演变成以驼峰承托补间斗栱的程序中可以证明。这里用驼峰而不用叉手,大约是因为建筑物太小之故。

二九六窟隋代壁画中有一幅建筑施工图:六个只穿短裤的工人正在修建一座砖塔。在台基上已筑起了一层塔身;两个工人在上面正开始筑第二层;其余四人则在向上运砖。

这两幅都是极罕贵的图画。通过它们,我们在千余年后的今天,对于当时建筑工人劳动的情形以及施工的方法程序还可以得到一个活生生的印象。

敦煌窟檐的建筑

敦煌四百余窟室,差不多窟外都曾有木构的檐廊。现存者虽寥寥无几,但由每个窟门崖上的洞看来,很可以想见当时每窟一檐廊,而以悬空的阁道相连属的盛况。

在印度,如阿占陀,卡尔里、埃罗拉等地最古的佛教石窟;在新疆,佛教由印度传入中国的路线上,如库车、吐鲁蕃和其他地区的石窟;在内地如云冈、天龙山,响堂山诸石窟都有窟檐。那些地方的窟檐都是从山崖石凿出的,他们都将当时当地的建筑忠实地在石崖上雕出。我们须特别提出的是中原的几处。其中最大最古的云冈石窟（公元450—500年间），向外一面虽然已风化侵蚀，内部却尚完整。如中部第五、第六、第八窟窟檐都是三间两柱；柱作八角形，下有须弥座，上有大斗。又如第八窟内前室东西两壁上的三间殿形龛，也可借作对照，而得到窟檐原状的印象。天龙山齐隋诸窟的檐廊都极忠实而且准确地雕出当时柱枋斗栱。齐窟用八角柱，隋窟有用圆柱的。其上崖壁有横列的小圆孔，是檐椽的遗迹。天龙山的窟檐是最纯粹的中国式的。响堂山的窟檐基本上是中国样式，柱、枋、斗栱俱全。上面更有刻出的檐，椽子和筒瓦都精确地雕出。可是柱则完全是印度样式的八角束莲柱。柱头有覆莲瓣；柱脚有仰莲瓣；柱中有由联珠箍环发出的仰覆莲瓣；柱础是一个坐狮，将柱子承驮在背上。

我们所知道的由印度到中原一切佛窟的廊檐都是即就崖石雕出的，而敦煌的窟檐则全部木构，安插在崖石上。因为敦煌鸣沙山的石质是含有卵石的水成岩，松软之中，夹杂着坚硬的卵石，不宜于雕刻。因此，敦煌的窟檐必须木构，加在崖面。附带可以在此一说：以同一原因，窟内的造像都是泥塑，壁上也不似其他诸窟之用浮雕，而用壁画。假使敦煌石质坚硬，适于雕刻，则这数以千计，时间亘延千年的壁画可能不会产生；这几座木檐也不存在。由今日看来，千佛洞地址之选择实在是我们绘画史上的大幸事。

由敦煌仅存的唐末五代宋初的几处窟檐上，我们看见了梁架结构之灵活应用。在削壁上的窟檐以窟为"殿身"，窟檐倚着崖壁，如"腰檐"的做法。窟檐仅有一列檐柱，柱上的梁尾则插到崖石里去。屋顶则倚在崖边成"一面坡"顶。窟口外削壁上不便另作台基，故凿崖为平台，檐柱就立在、卧在崖石上的地栿上，由崖壁更出挑梁以承阁道，在高处联系窟与窟间的交通。在这些窟檐中我们看见了大木的实例，门、窗、墙壁和彩画。在大木结构的基本方法上，我们并没有看到什么特殊的做法，它们仍保持着纯粹的中国传统。门窗和墙壁的做法，都先在两柱之间安置横木（上下槛）、直木（左右立颊），将门或窗的位置留出，其余的面积——上槛之上、下槛之下、左颊之左、右颊之右的面积——则做成墙壁，与壁画中所见者完全相同。

一九六号窟外残存的檐廊可能是敦煌窟檐中最古的一个。以窟的年代推测，檐可能与窟同属晚唐。这处窟檐现在仅存柱、枋和门窗的槛框；上部檐顶已荡然无存，只余下部的木构骨架。

四二七窟、四三七窟、四四四窟、四三一窟诸窟都有比较完整的窟檐。这几处窟檐都建于宋初。根据梁下的题字，四二七窟檐建于宋开宝三年（公元970年），四四四窟檐建于开宝九年（公元976年）；四三一窟檐建于太平兴国五年（公元980年）；四三七窟檐，由形制推测，也是这期间所建。

以上五处窟檐都广三间，用四柱；深一间，用椽两架。檐廊立在窟门之外，每柱上都有斗栱；斗栱上用梁（乳栿）一道，梁尾插窟外石壁。檐廊前面当心间开门，两次间开窗。多数都有彩画。窟檐之前，更在崖边凿孔安插挑梁，敷设悬空的阁道，由一窟通到旁边的窟。

除去五台山佛光寺正殿（公元857年）外，这几处窟檐是国内现存最古的木构建筑。我们认为他们无比罕贵是理之当然。

分析壁画中建筑物和窟檐的结构手法

中国建筑虽然数千年来从来没有改换木构骨架的基本结构方法，但在长期的发展过程中，无论在主要的大木结构方面，局部"名件"的处理方面和雕饰彩画方面，每一个时代都有它自己的作风或特相。

自从佛光寺正殿之发现，我们得以从晚唐公元857年以后至今约一千一百年的期间，除去最初的约一百三十年外，每隔二、三十年，至少就有一座木构建筑的实例；使我们对于这期间大木结构和"名件"处理的手法有了相当的认识。但对于公元857年以前的木构建筑，因没有任何实物存在，全赖敦煌壁画中忠实的描写，才使我们对于古代本构的外表形象上的认识，向上更推回约四百年，而且还可约略窥见内部结构的片段。

所以现在再就壁画和窟檐所见，便可以将建筑物的各部分逐件作如下的分析：

（一）台基　壁画中的建筑物几乎没有例外地都有台基。一般的房舍乃至楼屋的台基大多用朴素的砖包砌。较为华丽的殿堂楼阁的台基则雕饰繁富：最下层是覆莲瓣的龟脚，龟脚上立矮柱，上安压栏石，将台基陡面分为方格，格内饰以团花。这种台基在形制上介乎汉画像石和汉石阙实物所见的台基与希腊、印度式的须弥座之间，而基本上是中国原有的做法。若干石塔（白色、不画砖缝纹）则用石台基，多做成叠涩须弥座或莲瓣须弥座，"希腊印度"作风较为浓厚。台基平面多随上面建筑物平面的轮廓，但亦有方塔而用圆基的。台基在适当的部位多有台阶或坡道（礓磜或辇道）与地面联系。沿着台基的四周敷设散水砖，一如今日的做法。

临水建筑的台基往往就是水边的泊岸，做法与台基相同，亦有用矮柱将陡面分为方格的。更有在水中立柱，上安斗栱梁枋，上面铺板的。临水的一面，上面更用栏杆围护。

（二）柱　壁画中的柱显得十分修长，大雁塔门楣石也如此，可能是绘画中强调高度，减少柱在画幅中的阻碍使然。由佛光寺正殿，一九六号窟檐，以及宋诸窟檐的柱看来，唐宋实物的柱，在比例上，柱高都是等于柱径的十倍，这是木柱最合理的比例。壁画中的柱则高有至柱径之十六七倍者，显然与实况颇有出入。

壁画中的柱都是圆柱，而窟檐的柱一律都是八角柱。历代实物中如四川彭山县汉崖墓，云冈窟壁的三间殿和窟门的石柱（公元450—500年），天龙山齐隋诸石窟（公元六世纪末，七世纪初），嵩山嵩岳寺塔（公元520年），嵩山会善寺净藏墓塔（公元745年）等都用八角柱，以后则圆柱成为典型；至北宋末年，嵩山少林寺初祖庵（公元1125年）的八角柱已成了罕见的例外。敦煌窟檐之一律用八角柱，也许还保存着中原的"古风"。

窟檐的柱另一特征就是上下同样粗细，不"卷杀"（即上小下大，轮廓成缓和的曲线）如他处元以前实物，也不如明清的"收分"（上小下大，轮廓是直线）。在上述的古例中，彭山崖墓和云冈所见是有显著的收分的。嵩岳寺塔和净藏墓塔则上下同大，不收不杀，与窟檐柱相同。柱头部分则急剧地卷杀削小，其卷杀的轮廓不似通常所见那样圆和，而是棱角分明地折角斜收。

关于柱础，壁画中有素覆盆与覆莲两种。窟檐柱则立在地栿上，放在崖石上，不另做柱础。

（三）阑额及枋 壁画及大雁塔门楣石所见，阑额（即柱头与柱头之间左右联系的枋，清代称额枋）都是双层的。阑额很小，上下两层之间有短柱联系。在窟檐实物中，阑额的断面竟比斗栱上的"材"还小（详下文），其他所有唐宋实例中，阑额都大于材，到元明清为尤甚，所以这个罕有的特征是值得我们注意的（下文分析斗栱时当再阐述此点）。窟檐也用双层阑额，如壁画中所见，但在佛光与正殿以及辽宋金元实例中，则以断面较大的单层阑额为最典型。明清以后，则又复用双层，但上下两层大小不同，称"大额枋""小额枋"；大小额枋之间用"垫板"填塞，与唐代作风完全异趣。

（四）斗栱　斗栱是中国建筑构架中，在柱头上用斗形的木块"斗"和臂形的横木"栱"交叠而成的一组结构单位，把上面平置的梁或枋上的荷载逐渐集中而转递到直立的柱上的过渡部分。它是中国建筑体系所独具的特征，它的肇源古远，到汉代的陵墓建筑中已臻成熟而成为必具的部分。它的发展，由简到繁，逐渐发挥它结构的功能，又逐渐沦落而至过分强调其装饰性的长期赓继的过程是中国建筑数千年沿革中认识各时代特征时最显著的"指时针"。所以我们在研究敦煌壁画和窟檐时，斗栱是一个重要的题目。

铺作分类　"铺作"是宋营造法式中专指一朵斗栱由几件何种的斗和栱如何配合而成一朵的专门名称。由壁画中我们可以看见四至五类的铺作："一斗三升"铺作，用一个大斗，上面安一道横栱（泥道栱），栱上又安三个小斗，以承托檐檩，直接位置在柱头上；用在两柱间阑额上的人字形"补间铺作"（即不在柱头上而在一间中间的铺作）。以上两种用于较小的房屋上。由柱头大斗上用一层或两层向外挑出（华栱），上面更挑出一层至三层斜向下出尖如鸟喙的昂；和与此同式但不在柱头上而经由人字形栱或驼峰或一根简单的矮柱放在阑额上的补间铺作。这种出昂的斗栱只用于较大的殿堂。在平坐下所用的铺作，可能只用华栱向外挑出而不用昂,但在壁画中所见者稍欠清晰。

与壁画可作比较的另一幅画就是大雁塔门楣石,这石上斗画得十分清楚。在柱头上横着用一层横栱(泥道栱)一层枋(柱头枋),上面再用一横栱一横枋。向外则挑出华栱两层,逐层向外加长,第二层头上安横栱(令栱)一道,以承挑檐檩。补间用人字形铺作,其上再用矮柱。

至于实物,则净藏禅师墓塔柱头用一斗三升,补间用人字形铺作。与壁画中所见小建筑完全相同。佛光寺正殿柱头用挑出两栱两昂(双杪双下昂)的铺作,补间铺作则仅挑出两栱(双杪)。

敦煌窟檐中,一九六号窟檐已残破难以看出原有的铺作。四二七窟和四三一窟窟檐则都挑出三层华栱(三杪),下两层栱头下都安横栱,上面各承一横枋;第三层栱头不用栱、而用替木(只有下半的栱)承托挑檐檩。华栱的后尾,第一层向后挑出;第二层就是伸插到崖壁里的梁(乳栿),事实上是将梁头做成第二层华栱;第三层后尾弯曲斜向上,交搭在乳栿上所承托的二梁(劄牵)上;其交搭处也用斗栱联系。斗栱的高度约为柱高之五分之二,通高之三分之一。此外,北魏的二五四窟内壁上也有简单的木斗栱以承窟顶雕出的檩。

材与栔 "材"是断面与栱的断面的高度和宽度相等的木材的通称,至迟自公元1100年营造法式刊行以后,它即已确定为中国建筑的一个度量单位——权衡比例的单位。"栔"是上下两层枋之间或栱与栱之间因用斗垫托而留出的空隙的高度。建筑物中每一部分的权衡比例都是以材及栔或材的分数而定的。例如柱径是一材一栔,梁高两材等。栱的长度也与材有一定的比例。

这两座檐窟中,用材并不标准化。无论是栱或枋,越往上则越小。材的高与宽之比也不如后世之定为三与二,而略有出入。佛光寺正殿以及中原其他辽宋木构在这一点上已一律标准化,而敦煌窟檐则如此"自由",是别处所未曾见的。因为材之不标准化,所以栔的大小亦随同发生变化了。因此,作者不拟在此作进一步的比较分析以赘读者。

斗和栱 斗和栱的详细样式,在壁画中虽无法看出,在窟檐中则得到又一种罕有的实例。现存汉魏唐辽宋金元实物的斗的下半,上大下小的斜收部分,即营造法式称为"敧"的部分,其面莫不微凹,即所谓"颤",颤面是微弯入的。一九六窟窟檐的斗敧就是如此做法。明清两代的敧则一律不颤,敧的斜面是平的。四二七、四三一等宋初窟檐的斗,敧面即不颤,又不平,而是上半段急促的斜收,下半段垂直;也可以说不用曲面颤而用两个钝角相交的平面代替了颤。也就是说,颤面线不是继续的曲线而是折角的直线。二五四窟内北魏的斗也用此法,但不甚显著。这种"卷杀"的方法在我们已知的所有实例中都没有见过。

窟檐的栱也表现了同样硬朗的作风。在一九六窟、二五四窟和他处所见任何时代的栱头，都用三"瓣"至五"瓣"或用不分瓣的曲线，卷杀成流畅缓和的抛物线形，但敦煌宋初诸窟檐的栱头则一律只用两瓣卷杀，棱角分明，与斗敬的析角卷杀表现了一致的格调。

昂 窟檐没有用昂。壁画变相图中，中间的大殿莫不用昂，只能看出昂的层数，双昂三昂不等。昂嘴用平面斜杀至尖，昂面不如宋中叶以后的微颤，这种做法与唐辽宋初实物所见相同。

（五）梁 在少数变相图中，可以看见由檐柱到内柱上的乳栿和由角檐柱到内角柱上的角栿。"修建图"中约略可以看出大梁。窟檐中的梁主要的是乳栿和它上面的剳牵。乳栿的梁头（外端）都斫割成第二层挑出的华栱，因而梁同斗栱便构成为不可分离、互相结合的结构部分；梁与柱交接点的剪力藉第一层而减小。剳牵之下也用斗、和驼峰将荷载传递到乳栿上，这些过渡的斗栱同时也与上面承托屋椽的檩子交结成为不可分离的结构。角柱上第二层角栱的后尾就成为角栿，其后尾与乳栿相交。

在"修建图"中，梁上用简单的梯形驼峰，上安大斗以承脊檩。据我们所知，宋以后实物都在最上一层梁（平梁）上树立侏儒柱（清代称金瓜柱）以承脊檩。宋元在侏儒柱的两旁用斜倚的叉手支撑。汉魏隋唐则不用侏儒柱而只用巨大的叉手互相倚撑，如汉朱鲔石室，朝鲜平安南道顺川郡北仓面的"天王地神冢"（公元五世纪），日本奈良法隆寺迴廊（公元六世纪）乃至佛光寺正殿（公元857年）都不用侏儒柱而只用叉手。辽及宋初结构中侏儒柱已出现，却甚矮小，是名实相称的侏儒，叉手仍甚大。以后叉手逐渐瘦小，而侏儒柱逐渐长大，终于在元明之际完全夺取了叉手的地位，使它在建筑中绝迹。因此我们往往可以由一座建筑中侏儒柱和叉手的大小有无而推定其约略年代。至于驼峰，它原是缩小而实心的叉手，使用驼峰就是使用叉手。"修建图"中所见正表示出那座重楼是一座不很大的建筑物。

（六）檐椽　壁画中所有建筑物都在下画出椽子，并且大多画出两层。其中比较清楚的并可以看出下层是圆椽，上层（飞椽）是方椽，飞椽且卷杀使外端较小。靠近屋角处，椽子的方向且逐渐斜展成"翼角"，如今日的做法。大雁塔门楣石上所见尤为清楚。

窟檐椽子翼角斜展。椽于出檐长度（自柱中线至椽头）为柱高之半以上，通高之三分之一强。如此深阔出檐是宋以前的特征，呈现豪放的风格；宋以后逐渐减浅，至清代的檐已呈紧促之状。

（七）屋顶　壁画中所见屋顶有四阿（清代称庑殿）、歇山（九脊）及攒尖三种，而以歇山为最多。此外尚有迴廊上长列的屋顶。后世常见的硬山或悬山顶，在壁画中没有见到。但由汉墓石室的结构上和明器中，我们已肯定地知道后两种屋顶自古已有。

一个长久令人不解的是檐角翘飞的问题。在汉石阙和明器上，在云冈窟壁三间殿上，在大雁塔门楣石和敦煌壁画中，檐口线都是直的。但日本法隆寺，唐招提寺金堂（公元759年唐僧鉴真建），佛光寺正殿（公元857年）和四川大足摩崖净土变（公元895年前后）的檐角都是翘起的。由"修建图"和四三一窟檐实物看，大角梁上有仔角梁，仔角梁微翘起。敦煌壁画檐口何以不翘起，颇令人不解？以所画其他部分的忠实性推论，绝不是画师的疏忽（而且不能人人都疏忽），所以令人推想直线檐口可能是当时当地的特征。若然，则翘起的仔角梁又完全失去结构意义了。

瓦　壁画所见屋顶都用瓦铺盖，所用是筒瓦；大雁塔门楣石中描画尤为清晰。琉璃瓦在唐时已少量使用。至于窟檐是否用瓦盖顶，很难确定；现状仅用灰背墁抹。

关于屋顶瓦饰，壁画表现颇为清楚。脊上和脊端施用雕饰，由汉至今两千余年，基本上没有大改变。正脊和垂脊都适当地把屋顶上最易开始渗漏的线上予以掩盖并加以强调，使脊瓦的重量足以保持本身固定的位置。在正脊与垂脊的相交点上，即正脊的两端，用鸱尾着重地指出；垂脊的下端也予以适当的结束。

按宋营造法式的规定，脊是用瓦叠垒而成的，明清以后才肯定地有分段预制的脊件（在目前我们所已调查的实物中，还未能得到足够的资料，以肯定预制的脊瓦件出现的年代）。壁画中隐约可见分段的线条,假使唐末五代已有此做法,则营造法式中何以竟只字未提,颇令人疑惑不解。

辽宋以后实物的鸱尾已变成鸱吻,下半作成龙头,张嘴衔脊。壁画中所见则尚是尾状有鳍的,名实相符的鸱尾;第十八窟所见最为清晰,大雁塔门楣石所见亦大致相同。四三一窟檐尚有倚崖塑造的正脊和鸱吻,它的轮廓虽尚保持唐式,但下部已张嘴衔脊,上端亦作鱼尾形,样式至为特殊,是我们所见唯一孤例。

壁画殿堂正脊当中,多有莲蕾形或火焰形的宝珠,窟檐所见亦同。

壁画中的垂脊大多用短圆柱予以结束,柱头作莲蕾形,与正脊中的宝珠互相呼应。

塔顶的攒尖垂脊聚集点上立刹,大多数先做须弥座,座边缘及角上出山花蕉叶,中置覆钵,钵上立刹杆,上置相轮(宝盘)三层或五层。刹尖则有仰月和宝珠。在仰月之下,有链垂系檐角,链上挂着许多的铃(铎)。

(八)门窗及墙　因为木构架的性质,门、窗和墙都是就两柱间的空档处理,予以堵塞或开敞的办法。上文已经讨论过,门、窗和墙的做法都先在两柱间安横木和直木,按需要留出大小适当的空档则用墙壁堵塞,或留作门或窗。

在不留门窗的地位,则两柱间完全用墙堵塞。按壁画所见,墙可能是用竹篾或本条抹灰的(但敦煌没有竹)。窟檐左右两角柱与崖壁间则用土砖墙。

在窟檐中,做门的方法是在两柱之间,地栿之上,先安木门砧,即承托门轴的木块,其上安门槛。门槛与阑额之间,按门的宽度,树立左右门颊。门额(窟檐所见亦即下层阑额)上有两小长方孔,是原来穿插门簪的孔。原有的门簪和依赖门簪而得固定在门额背面以接受门轴上端的鸡栖本,都已失去。这一切做法都与今日通用的完全相同。

门额之上,门颊之左右,在表面上更突出九十度弧面的线道一条,弧面向里,作为门的外周线,是他处所罕见的做法。

窟檐的门扇都已不存在。在壁画中只有少数将门扇画出,如二一七窟砖台下的门扇,则有门钉,铺首(并环)和角叶的表示。

窟檐左右次间开窗的做法,则在阑额之下少许和距地面上约80厘米处安窗额及腰串(即窗的上下槛),窗额与腰串之间树立左右立颊,留出约55厘米的方窗。窗孔内用垂直平行的方棂竖立(方棂棱角向前,棂面斜向),即所谓直棂窗。窗额之上及腰串之下,当中立心柱(矮柱)一根,以与阑额及地栿联系。壁画中所见窗大都如此;许多实物中,直至今日西南各省的房屋中,这还是一种最常见的做法。

(九)栏杆 净土变相中台基、平坐和台阶的周缘都有栏杆。大多数都在最下层卧放地栿;转角处立望柱;望柱之间,每隔若干距离立蜀柱一根,其上半收杀。在蜀柱之中段横安盆唇，蜀柱顶上承托寻杖。盆唇与地栿之间，用L字纹互相勾搭，做成所谓"勾片栏杆"，这是元明以后所不复用，而在自南北朝至五代宋初的五六百年间所最常用的栏杆纹样。从云冈石窟以至蓟县独乐寺观音阁（公元984年）、大同华严寺薄伽教藏内的壁藏（公元1038年）都有此式。但壁画中望柱头上和蜀柱与寻杖相接处都有宝珠，所有横直料相接处都画作浅色，可能是表示用铜片包镶的样式，都是后世所未见。

（十）窟檐的彩画　窟檐的彩画是作者认为窟檐中最可珍贵的部分。

油饰彩画本是利用保护木材而使用的涂料，加以处理而取得装饰效果的。它是建筑物抵御自然界破坏力的"第一道防线"，是建筑物中首先损坏的部分。因此，我们对于年代较古的木构的知识，以彩画方面为最贫乏。

古代的彩画，使我们能得到清楚的认识，给予我们明确印象的，最古只到明中叶（公元1444年）所建的北京智化寺。更古的虽有一些辽代建筑，如辽宁义县奉国寺大殿（公元1020年建）、山西大同华严寺薄伽教藏（公元1038年建），然而前者则已黝暗失色，后者又经后世重装乃至部分窜改，不能给我们以原来的印象。即使如宋《营造法式》（公元1100年初次刊印）那样相当精确的术书，也因原图仅用墨线注明颜色，再经后世流传本辗转抄摹走样，难以制成准确的图式。罕贵的敦煌窟檐却为我们保存下宋初的彩画，也使我们的知识由十五世纪中叶推上了五百年。敦煌以壁画引起我们的爱好；彩画也正是"壁画"之一种，值得我们深切的注意。

概括的说，窟檐的彩画，木构部分以朱红为主，而在结构的重要关键上用以青绿为主的图案，使各构材在结构上的机能适当地得到强调。

柱头上和柱的中段以束莲花纹为饰。在云冈石窟（公元五世纪后半），平原省磁县[1]响堂山石窟（公元六世纪末），以及若干佛塔上，如五台山佛光寺祖师塔（公元六世纪）等，都有浮雕的束莲，这是犍陀罗输入的影响，在木建筑实物中所见不多，窟檐彩画所见是唯一的例子。这"束莲"并非真正的莲瓣，而是以一道连珠的红环，夹以青绿的边线，上下两面伸出以青绿为缘，红色为心的瓣。在柱头上，则连珠在顶，只有下面出瓣，成为所谓"覆莲"的柱头花纹。后代虽有普遍彩画的柱，但没有这样在中腰画彩画的；而柱头则多改用"束锦"——一个织锦纹的箍子。

这同一个束莲纹彩画也用于门额、窗额和立颊的中段和次间下层的阑额、窗额和腰串与柱交接处。

柱头主要的阑额以连珠压边，内面全部画斜角棱纹。棱纹以整个棱形的左右尖角衔接，上下钝角至边，成"一整二破"的布局。居中的整棱以青地红心和粉地绿心者相间，两侧的半

---

1 今河北省磁县。

棱则以绿地粉心和粉地青心者相对。这整个图案与营造法式至明清两朝在阑额两端先画箍头,再将内部分为几段,并以青绿为主要颜色的作风完全异趣。

当心间门以上的阑额与柱头枋之间的小窗则在红地上画相错的绿色红心棱形花;小窗的上额(即柱头枋在小窗上的一段)则画龟文锦,以青色宽线画六方格,"一整二破",以粉色为地,以绿心的红花和绿心的青花相间排列。

斗栱上的彩画亦极别致。今日常见的明清以后彩画多以青绿色和墨线沿着斗和栱的轮廓用平行线饰画。窟檐所见则大致以绿色的斗和红地杂色花的栱相配合;但第一层横栱(泥道栱)上的两斗和三层挑出的华栱的狭面则以白色为主。全部主要的色调是红色,略似营造法式所谓"解绿结华装"的样式。

栱面均以红色为地。泥道栱面,沿着栱的上下两缘,用青绿两色的边,而各伸出四片卷叶的奇特花纹相对;一半上青下绿,对面一半上绿下青。其余的栱面则在红地上以半个团窠的杂色花上下相错。三层华栱(挑出的栱)的狭面(向前的面)则在白色地上,在卷杀的部分用赭色画一"工"字纹。

绿色的斗一律用单纯的绿色,没有边缘。白色的斗则在白色上密布的红色麻点。

第二层横栱(慢栱)以上的一道柱头枋则上下缘用红色宽边,中间白地,而用宽的红色分为细长横格,呈现似上下两层横材中间以矮柱间格的形状。

所有木构材之间的壁面一律为白粉墙，因年代久远，已成醇熟的淡土黄色，与木材上的红白青绿成了极和谐的反衬。

窟檐内部的梁架椽檩也都有彩画。沿着梁身棱角的边缘有边线，边线以内所画疑似宋所称的海石榴华。椽子两端及中腰，如柱一样，画束莲。颜色亦以红为主，青绿为花。椽与椽间望板上画卷草或佛像。

窟檐的彩画所引起我们的反应，首先是惊奇之感。因为它与明清以后所常见的，在阑额以上以青绿为主，以下差不多单纯地用红色的系统和风格完全异趣。这里由地栿至檐下，则是一贯地以红色为主，而在结构重点上用青绿花饰，并且这是窟檐彩画的主要特征。

我们对于彩画的认识，如上文所说，自明中叶以上即极为贫乏。实物既少，且经窜改，文献不足征，幸喜敦煌窟檐，使我们的知识向上推远了五百年。在这一点上，窟檐彩画是重要无比的。

敦煌壁画中未能将建筑彩画详细表现出来，大多只能表现木构部分的红色和粉墙的白色。但如一四六窟则相当清晰。柱的中上段，阑额和柱头枋上、栱上，都在红地上画彩画。补间铺作下的驼峰主要是青绿色。昂嘴上面白色。椽子及檐口的连檐和瓦口板红色〔这些颜色是在照相中按深（红）浅（青绿）推测的〕。与窟檐所见也大概是一致的。

结论

通过敦煌壁画和窟檐,我们得以对于由北魏至宋初五个世纪期间的社会文化一个极重要的方面——居住的情形——得到了一个相当明确的印象。因实物不复存在,假使没有这些壁画,我们对于当时的建筑将无从认识,即使实物存在,我们仍难以知道当时如何使用这些房屋。壁画虽只是当时建筑的缩影,它却附带的描写了当时的生活状况。

在这些壁画中,我们认识了十余种建筑类型;我们看出了建筑组群的平面配置;我们更清楚的看到了当时建筑的结构特征和各构材之相互关系及其处理的手法;因此我们认识了当时建筑的主要作风和格调。我们还看见了正在施工中的建筑过程中之一些阶段。这是多么难得的资料!

由窟檐的实例上,我们一方面看到了传统的本构骨架的保持,另一方面却看到了极为罕贵的细节的运用,尤其是斗栱的特殊手法。更为难得的是当时的彩画的作风。

这些壁画和窟檐告诉我们:中国建筑所具有最优良的本质就是它的高度适应性。我们建筑的两个主要特征,骨架结构法,和以若干个别建筑物联合组成的庭院部署,都是可以作任何巧妙的配合而能接受灵活处理的。古代的匠师们掌握了这两种优点而尽量发挥了使用,而画师们又把它给我们描画下来。尤其重要的是,这些壁画告诉了我们,古代匠师对于自己的建筑传统的信心，虽在与外来文化思想接触的最前线，他们在五百年的长期间，始终以主人翁的态度迎接外来的"宾客"。既没有失掉自主的能动性，也没有畏缩保守，即使如塔那样全新的观念，以那样肯定的形式传入中国，但是中国建筑匠师竟能应用中国的民族形式，来处理这个宗教建筑的新类型，而为中国人民创造了民族化、大众化的各种奇塔耸立在中国的土地上。这是我们的祖先给我们留下的特别卓越而有意义的榜样，这是对于今日中国的建筑师们——他们的子孙——的一种挑战。

近百年来，帝国主义的侵略者以喧宾夺主的态度，在我国的城镇乃至村落中，以建筑的体形为我们留下了许多显著的创痕。把他们的民族手法思想体系强迫着我们放弃我们原有的文化传统和民族工艺，无论是建筑师或人民大众，在对于建筑的思想，到今天便积下了不少帝国主义的毒素，正待我们坚决的来肃清。我们过去屈服于他们的暴力，接受了他们的建筑体系来代替自己的，因此我们传统的中国建筑有一些被毁坏了，有一些停留在不适用的技术中而不得提高。我们今天要问自己：我们有没有肃清这些遗毒的自信心？我们能否在不断改变中的生活方式和材料技术的条件下，再从民族传统的老基础上发展出我们的新建筑来？这个问题是严重的，它是我文化建设的考验，只靠少数技术人员是不可能达到这目的的。全中国要住房子的要用房子的人民——即全中国的每一个人——也必须向这方面努力,他们必需要求建筑师们,且督促着建筑师们,在行动上,在有休有形的建筑物上,发扬我们爱国主义的精神。中国人民的新文学、新美术、新音乐、新舞蹈,早已摆脱了资本主义帝国主义的羁绊,正踏上蓬勃的发展的新的道路,我们的建筑更不能因为这任务的艰巨而自甘落后。让我们立刻反抗建筑思想上崇洋恐洋的迫害,解放自己,来肃清那些余毒,急起直追,与文学、美术、音乐、舞蹈并肩前进!

最后,作者愿借这机会向在沙漠中艰苦工作的敦煌文物研究所同志们致无限的敬意!

中国的佛教建筑

提要

这是为信仰佛教的外国读者写的一篇简要历史叙述,将佛教建筑在中国发展的全部过程做了概括性的介绍。

文中首先分析了佛教建筑最初开始的历史和社会根源,然后阐述了两晋、南北朝时代佛教传播的社会、政治因素,以及由此而来的寺、塔建筑活动的情况;分析了佛教建筑对中国古代城市面貌和城市人民生活所带来的巨大影响,并说明即使像寺塔这样的纯粹的精神建筑也是脱离不了当时、当地的政治、经济、社会环境所造成的条件的。

文章从石窟寺的建筑开始,叙述了敦煌、云冈、龙门、天龙山、响堂山等石窟,分析了它们的印度来源和到了中国以后怎样创造性地发展成为中国式的石窟寺。文中着重指出了这些石窟造像所受到帝国主义文化强盗的掠夺、破坏,并呼吁一切拥有丰富文化遗产的民族、国家提高警惕。

接着，文章介绍了从晚唐的南禅寺、佛光寺等一直到清代的若干座个别殿、阁和辽、宋、金、元、明、清的若干佛寺组群，除了在它们的总体布局、结构和艺术手法方面扼要地分析外，还分析了其中有些建筑所受到当时政治、经济和民族因素的影响。

佛塔是作为一个突出的建筑类型而加以阐述的。文章叙述了"塔"由印度传入后如何结合中国原有的高层木结构而创造一个新的类型以及在其后千余年间的发展，许多新的塔型的产生。由木塔转变为砖石塔的过程，当时的新材料、新技术对于塔的结构、形式和风格的影响也作了扼要的分析。文章里还追溯了蒙古、西藏、古代的契丹、女真等民族对于佛塔类型和艺术处理上的贡献。最后以北京灵光寺佛牙塔为例，说明了中国共产党的宗教政策的英明、正确。在若干重要建筑的叙述中，还特别指出党和政府对文物建筑的关怀，爱护。

文章的结束语着重指出佛教建筑，作为我国文化遗产的一部分，对于新中国建筑的发展，也将有很大的一份贡献。

佛教之传入和最初的佛教建筑

佛教是在公元一世纪左右，从印度经过现在的巴基斯坦、阿富汗，而传入中国的。在大约两千年的期间，佛教对于中国人民（这里指的主要是汉族人民）的思想、文化，以及物质生活都发生了很大的影响。这一切在中国的建筑上都有所反映,并且集中地表现在中国的佛教建筑上。

佛教传入中国的时候,中国文化,仅仅按照已经有文字的纪录来说,就已经有了将近两千余年的历史。作为物质文化的一部分,中国建筑的历史实际上比有文字纪录的历史要长若干倍。估计从石器时代开始,经过可能达到一两万年的长时间,一直到佛教传入中国时,中国的匠师已经积累了极其丰富的经验。在工程结构方面,形成了一套有高度科学性的结构方法。在建筑的艺术处理方面,也形成了一套特殊风格和手法,成为一个独特的建筑体系,那就是今天一般被称做中国建筑的这样一个建筑体系。在这些建筑之中,有住宅、宫殿、衙署、作坊、仓库,等等,也有为满足各种精神需要的特殊建筑,如中国传统祭祀天地和五谷之神的坛庙,拜祖先的家庙,模拟神仙世界的仙山楼阁,迎接从云端下来的仙人的高台,等等。中国的佛教建筑就是在这样一个历史基础上发展起来的。

相传在公元67年,天竺高僧迦叶摩腾等来到当时中国的首都洛阳。当时的政府把一个官署鸿胪寺,作为他们的招待所。"寺"本是汉朝的一种官署的名称,但是从此以后,它就成为中国佛教寺院的专称了。按照历史纪载,当时的中国皇帝下命令为这些天竺高僧特别建造一些房屋,并且以为他们驮着经卷来中国的白马命名,叫做"白马寺"。到今天,凡是到洛阳的善男信女或是游客,没有不到白马寺去看一看这个中国佛教的苗圃的。

公元200年前后，在中国历史上伟大的汉朝已经进入土崩瓦解的历史时期，在长江下游的丹阳郡（今天的南京一带），有一个官吏笮融，"大起浮图，上累金盘，下为重楼，又堂阁周回，可容三千许人，作黄金涂像，衣以锦采"（见《后汉书·陶谦传》）。这是中国历史的文字记载中，比较具体地叙述一个佛寺的最早的文献。从建筑的角度来看，值得注意的是它的巨大的规模，可以容纳三千多人。更引起我们注意的就是那个上累金盘的重楼。完全可以肯定，所谓"上累金盘"，就是用金属做的刹；它本身就是印度窣堵波（塔）的缩影或模型。所谓"重楼"，就是在汉朝，例如在司马迁的著名《史记》中所提到的汉武帝建造来迎接神仙的，那种多层的木构高楼。在原来中国的一种宗教用的高楼之上，根据当时从概念上对于印度窣堵波的理解，加上一个刹——最早的中国式的佛塔就这样诞生了。我们可以看见在当时的历史条件下，在人民的精神生活所提出的要求下，一个传统的中国建筑类型，加上了一些外来的新的因素，就为一个新的要求——佛教服务了。

佛教之广泛传播和寺塔之普遍兴建

从笮融建造他的佛寺的时候起，在以后大约四个世纪的期间，中国的社会、政治、经济陷入了一个极端混乱的时期。从辽东（今天中国的东北地区），从蒙古，从新疆，许多文化、经济比较落后的部落或民族，纷纷企图侵入当时文化、经济比较先进的，生活比较优裕安定的汉族地区。

中国的北部，就是从黄河流域一直到万里长城一带，变成了一个广阔的战场。在这个战场上进行着汉族和各个外围民族的战争；也进行着那些外围民族之间为了争夺汉族的土地和财富的战争。也进行着被压迫的人民对于他们的残暴的不管是本族的或者外族的统治者的反抗战争。在这种情况下，广大人民的生活是非常痛苦的。他们的劳动成果不是被战争完全破坏，就是被外来的征服者或是本民族的残暴的统治者所掠夺，生活没有保障。就是在这些统治者之间，在战争的威胁下，他们自己也感到他们的政权，甚至于他们自己的生命，也没有保障。在苦难中对于统治者心怀不满的人民也对他们的残暴的统治者进行反抗。总之，社会秩序是很不安定的。在这种情况下，在困苦绝望中的人民在佛教里找到了安慰。

同样地，当时汉族以及外围民族的统治者，在他们那种今天是一个胜利者，明天就可能变成一个战争俘虏，沦为奴隶的无保障的生活中，也在佛教中看见了一个不仅仅在短短几十年之间的生命。同时他们还看到佛教的传播，对于他们安定社会秩序的努力也起了很大的作用。在广大人民向往着摆脱苦难的要求下，在统治者的提倡下，佛教就在中国传播起来了。在公元第四世纪，佛教已经传播到全中国。

在公元400年前后,中国的高僧法显就到印度去求法,回来写了著名的《佛国记》。在他的《佛国记》里,他也描写了一些印度的著名佛像以及著名的寺塔的建筑。法显从印度回到中国之后,对于中国佛教寺院的建筑,具体地发生了什么影响,由于今天已经没有具体的实物存在,我们不知其详。不过可以肯定地说是发生了一定的影响的。在这个时期,很多中国皇帝都成为佛教的虔诚信徒。在公元419年,晋朝的一个皇帝,按历史记载,塑造了一尊十六尺高的青铜镀金的佛像,由他亲自送到瓦棺寺。在第六世纪前半,有一位皇帝就多次把自己的身体施舍在庙里。后来唐朝著名的诗人杜牧,在他的一首诗中就有"南朝四百八十寺"这样一个名句。这说明在当时中国的首都建康(今天的南京),佛教建筑的活动是十分活跃的。

与此同时,统治着中国北方的,由北方下来的鲜卑族拓跋氏皇帝,在他们的首都洛阳,也建造了一千三百个佛寺。其中一个著名的佛塔,永宁寺的塔,一座巨大的木结构,据说有九层高,从地面到刹尖高一千尺,在一百里以外(约五十公里)就可以看见。虽然这种尺寸肯定地是夸大了的,不过它的高度也必然是惊人的。我们可以说,像永宁寺塔这样的木塔,就是笮融的那个"上累金盘,下为重楼"那一种塔所发展到的一个极高的阶段。

遗憾的是,这种木塔今天在中国已经没有一个存在。我们要感谢日本人民,在他们的美丽的国土上,还保存下来像奈良

當得天恩味

郡忘城市喧

炳坤先生正之

梁思成

法隆寺五重塔那种类型以及一些相当完整的佛寺组群。日本的这些木塔虽然在年代上略晚几十年乃至一二百年，但是由于这种塔型是由中国经由朝鲜传播到日本去的，所以从日本现存的一些飞鸟、白凤时代的木塔上，我们多少可以看到中国南北朝时代木塔的形象。此外，在敦煌的壁画里，在云岗石窟的浮雕里，以及云岗少数窟内的支提塔里，也可以看见这些形象。用日本的实物和中国这些间接的资料对比，我们可以肯定地说，中国初期的佛塔，大概就是这种结构和形象。

在整个佛寺布局和殿堂的结构方面，同样的，我们也只能从敦煌的壁画以及少数在日本的文物建筑中推测。从这些资料看来，我们可以说，中国佛寺的布局在公元第四第五世纪已经基本上定型了。总的说来，佛寺的布局，基本上是采取了中国传统世俗建筑的院落式布局方法。一般地说，从山门（即寺院外面的正门）起，在一根南北轴线上，每隔一定距离，就布置一座殿堂，周围用廊庑以及一些楼阁把它们围绕起来。这些殿堂的尺寸、规模，一般地是随同它们的重要性而逐步加强，往往到了第三或第四个殿堂才是庙宇的主要建筑——大雄宝殿。大雄宝殿的后面，在规模比较大的寺院可能还有些建筑。这些殿堂和周围的廊庑楼阁等就把一座寺院划为层层深入，引人入胜的院落。在最早的佛寺建筑中，佛塔的位置往往是在佛寺的中轴线上的，有时在山门之外，有时在山门以内。但是后来佛塔就大多数不放在中轴线上而建立在佛寺的附近，甚至相当距离的地方。

中国佛寺的这种院落式的布局是有它的历史和社会根源的。除了它一般地采取了中国传统的院落布局之外，还因为在历史上最初的佛寺就是按照汉朝的官署的布局建造的。我们可以推测，既然用寺这样一个官署的名称改做佛教寺院的名称，那么，在形式上佛教的寺很可能也在很大程度上采用了汉朝官署的寺的形式。另一方面，在南北朝的历史记载中，除了许多人，从皇帝到一般的老百姓，舍身入寺之外，还有许多贵族官吏和富有的人家，还舍宅为寺，把他们的住宅府第施舍给他们所信仰的宗教。这样，有很多佛寺原来就是一所由许多院落组成的住宅。由于这两个原因，佛寺在它以后两千年的发展过程中，一般都采取了这种世俗建筑的院落形式，加以发展，而成为中国佛教布局的一个特征。

佛寺的建筑对于中国古代的城市面貌带来很大的变化。可以想象，在没有佛寺以前，在中国古代的城市里，主要的大型建筑只有皇帝的宫殿，贵族的府第，以及行政衙署。这些建筑对于广大人民都是警卫森严的禁地，在形象上，和广大人民的比较矮小的住宅形成了鲜明的对比。可以想象，旧的城市轮廓面貌是比较单调的。但是，有了佛教建筑之后，在中国古代的城市里，除了那些宫殿府第衙署之外，也出现了巍峨的殿堂，甚至于比宫殿还高得多的佛塔。这些佛教建筑丰富了城市人民的生活，因为广大人民可以进去礼佛、焚香，可以在广阔的庭院里休息交际，可以到佛塔上面瞭望。可以说，尽管这些佛寺是宗教建筑，它们却起了后代公共建筑的作用。同时，这些佛寺也起了促进贸易的作用，因为古代中国的佛寺也同古代的希腊神庙、基督教教堂前的广场一样，成了劳动人民交换他们产品和生活用品的市集。另一方面，这些佛教建筑不仅大大丰富了城市的面貌；而且在原野山林之中，我们可以说，佛教建筑丰富了整个中国的风景线。有许多著名的佛教寺院都是选择在著名风景区建造起来的。原来美好的风景区，有了这些寺塔，就更加美丽幽雅。它本身除了宣扬佛法之外，同时也吸引了游人特别是许多诗人画家，为无数的诗人画家提供了创作的灵感。诗人画家的创作反过来又使这些寺塔在人民的生活中引起了深厚的感情。总的说来，单纯从佛教建筑这一个角度来看，佛教以及它的建筑对于中国文化，对于中国的艺术创作，对于中国人民的精神生活，都有巨大的影响，巨大的贡献。

文献中的早期佛教建筑

在两千年的发展过程中，中国的佛教建筑，经过一代代经验的积累，不断地发展，不断地丰富起来，给我们留下了很多珍贵的遗产。在不同的地区、不同的时代，由于不同的社会的需要，不同的技术科学上的进步，佛教建筑也同其他建筑一样，产生了许多不同的结构布局和不同的形式、风格。

从敦煌的壁画里,我们看到,从北魏到唐(从第五世纪到十世纪)这五百年间,佛寺的布局一般都采取了上面所说的庭院式的布局。但是,建造一所佛寺毕竟需要大量的人力物力财力,因此,规模比较大,工料比较好,艺术水平比较高的佛教建筑,大多数是在社会比较安定,经济力量比较雄厚的时候建造的。佛寺的建造地点,虽然在后代有许多是有意识地选择远离城市的山林之中,但总的看来,佛寺的建筑无论从它的地点来说,或者是从它的建造规模来说,大多数还是在人口集中的城市里,或者是沿着贸易交通的孔道上。

除了上文所提到的建康的"南朝四百八十寺"以及洛阳的一千三百多寺之外,在唐朝长安(今天的西安)城里的一百一十个坊中,每一个坊里至少有一个以上的佛寺,甚至于有一个佛寺而占用整个一坊的土地的(如大兴善寺就占靖善坊一坊之地)。这些佛寺里除造像外大部分都有塔、有壁画。这些壁画和造像大多是当时著名的艺术家的作品。中国古代一部著名的美术史《历代名画记》里所提到的名画以及著名雕刻,绝大部分是在长安洛阳的佛寺里的。

在此以前,例如在号称有高一千尺的木塔的洛阳,也因为它有大量的佛寺而使北魏的一位作家杨衒之给后代留下了《洛阳伽蓝记》这样一本书。又如著名的敦煌千佛洞就位置在戈壁大沙漠的边缘上。敦煌的位置可以和十九世纪以后的上海相比拟,戈壁沙漠像太平洋一样,隔开了也联系了东西的交通。敦煌是走上沙漠以前的最后一个城市,也是由西域到中国来的人越过了沙漠以后的第一个城市。就是因为这样,经济政治的战略位置,其中包括文化交通孔道上的战略位置,才使得中国第一个佛教石窟寺在敦煌凿造起来。这一切说明尽管宗教建筑从某一个意义上来说,是一种纯粹的精神建筑,但是它的发展是脱离不了当时当地的政治、经济、社会环境所造成的条件的。

最古的遗物——石窟寺

现在我们设想越过了沙漠到了敦煌,从那里开始,我们很快地把中国两千年来的一些主要的佛教史迹游览一下。

敦煌千佛崖的石窟寺(第一图)是中国现存最古的佛教文物,现存的大约六百个石窟是从公元366年开始到公元十三世纪将近一千年的长时间中陆续开凿出来的。其中现存的最古的几个石窟是属于第五世纪的。这些石窟是以印度阿旃陀、加利等石窟为蓝本而模仿建造的。首先由于自然条件的限制,敦煌千佛崖没有像印度一些石窟那样坚

◎ 第一图:敦煌千佛崖石窟寺外景

实的石崖,而是比较松软的沙卵石冲积层,不可能进行细致的雕刻。因此在建筑方面,在开凿出来的石窟里面和外面,必须加上必要的木结构以及墙壁上的粉刷。墙壁上不能进行浮雕,只能在抹灰的窟壁上画壁画或作少量的泥塑浮雕。因此,敦煌千佛崖的佛像也无例外地是用泥塑的,或者是在开凿出来的粗糙的胎模上加工塑造的。在这些壁画里,古代的画家给我们留下了许多当时佛教寺塔的形象,也留下了当时人民宗教生活和世俗生活的画谱。

其次,在今天山西省大同城外的云冈堡,我们可以看到在中国内地最古的石窟群。在长约一公里的石崖上,北魏的雕刻家们在短短的五十年间(大约从公元450—500年)开凿了大约两打大小不同的石窟和为数甚多的小壁龛。其中最大的一座佛像,由于它的巨大的尺寸,就不得不在外面建造木结构的窟廊。但是,大多数的石窟却采用了在崖内凿出一间间窟室的形式,其中有些分为内外两室;前室的外面,就利用山崖的石头刻成窟廊的形式。内室的中部一般多有一个可以绕着行道的塔柱或雕刻着佛像的中心柱。

我们可以从云冈的石窟看到印度石窟这一概念到了中国以后,在形式上已经起了很大的变化。例如印度的支提窟平面都是马蹄形的,内部周围有列柱。但在中国,它的平面都是正方或长方形的,而用丰富的浮雕代替了印度所用的列柱。印度所用的圆形的窣堵波也被方形的中国式的塔所代替。此外,在浮雕上还刻出了许多当时的中国建筑形象，例如当时各种形式的塔、殿、堂，等等。浮雕里所表现的建筑，例如太子出游四门的城门，就完全是中国式的城门了。乃至于佛像、菩萨像的衣饰，尽管雕刻家努力使它符合佛经的以及当时印度佛像雕刻的样式，但是不可避免地有许多细节是按当时中国的服装来处理的。

值得注意的是，在石窟建筑的处理上，和浮雕描绘的建筑上，我们看到了许多从西方传来的装饰母题。例如佛像下的须弥座、卷草、哥林斯式的柱头，伊奥尼克的柱头，和希腊的雉尾和箭头极其相似的莲瓣装饰，以及那些联珠璎珞，等等，都是中国原有的艺术里面未曾看见过的。这许多装饰母题经过一千多年的吸收、改变、丰富、发展，今天已经完全变成中国的雕饰题材了。

在公元500年前后，北方鲜卑族的拓跋氏统治着半个中国，取得了比较巩固的政治局面，就从山西的大同迁都到河南的洛阳，建立他们的新首都。同时也在洛阳城南的十二公里的伊水边上选择了一片石质坚硬的石灰石山崖，开凿了著名的龙门石窟。我们推测在大同的五十年间，云岗石窟已经成了北魏首都郊外一个不可缺少的部分，在政治上宗教上具有重要的意义，所以在洛阳，同样的一个石窟，就必须尽快地开凿出来。

洛阳石窟不像云冈石窟那样采用了大量的建筑形式，而着重在佛像雕刻上。尽管如此，龙门石窟的内部还是有不少的建筑艺术处理的。在这里，我们不能不以愤怒的心情提到，在著名的宾阳洞里两幅精美绝伦的叫做"帝后礼佛图"的浮雕，在过去反动统治时期已经被近代的万达尔（VANDALS）——美国的文化强盗敲成碎块，运到纽约的都市博物馆里去了。

在河北省磁县的响堂山，也有一组第六世纪的石窟组群。这一组群表现了独特的风格。在这里我们看到了印度建筑形式和中国建筑形式是非常和谐的，但有些也不很和谐的结合。印度的火焰式的门头装饰在这里大量地使用。印度式的束莲柱也是这里所常看见的。

山西太原附近的天龙山也属于第六世纪，在石窟的建筑处理上就完全采用了中国木结构的形式。从这些实例看来，我们可以得出这样一个结论：石窟这一概念是从印度来的，可是到了中国以后，逐渐地它就采取了中国广大人民所喜闻乐见的传统形式；但同时也吸收了印度和西方的许多母题和艺术处理手法。佛教的石窟遍布全中国，我们不能在这里细述了。

在上面所提到的这些石窟中，我们往往可以看到令人十分愤慨的一些现象，在云冈、龙门，除了像宾阳洞的"帝后礼佛图"那样整片的浮雕或整座的雕像被盗窃之外，像在天龙山，现在就没有一座佛像存在。这些东西都被帝国主义的文化强盗勾结着中国的反动军阀、官僚、奸商，用各种盗窃欺骗的手段运到他们的富丽堂皇的所谓博物馆里去了。斯坦因、伯希和在敦煌盗窃了大量的经卷。云冈、龙门无数的佛头，都被陈列在帝国主义的许多博物馆里，帝国主义文化强盗这种掠夺盗窃行为是必须制止的，是不可饶恕的，是我们每一个有丰富文化遗产的民族国家所必须警惕提防的。

唐代以来的佛寺组群和殿堂

前面已经说到，中国的佛寺建筑是由若干个殿堂廊庑楼阁等等联合起来组成的，因此每一所佛寺就是一个建筑组群，在这种组群里除了举行各种宗教仪式的部分以外，往往还附有僧侣居住和讲经修道的部分。这种完整的组群中，现存的都是比较后期的，一般都是十三、十四世纪以后的。因此，在这以前的木构佛寺，我们只能看到一些不完整的，或是经过历代改建的组群。

在中国木结构的佛教建筑中，现在最古的是山西五台山的南禅寺，它是公元782年建成的。虽然规模不大，它是中国现存最古的一座木构建筑。具有重大历史意义的是离南禅寺不远的佛光寺大殿（第二图）。它是公元857年建造的，是一座七间的佛殿，一千一百年来还完整地保存着。佛光寺位置在五台山的西面山坡上，因此这个佛寺的朝向不是用中国传统的面朝南的方向，而是向西的。沿着山势，从山门起，一进一进的建筑

◎ 第二图：公元857年建造的五台山佛光寺大殿

就着山坡地形逐渐建到山坡上去。大殿就在组群最后也是最高的地点。

据历史记载，在第九世纪初期在它的地点上，曾经建造了一座三层七间的弥勒大阁，高九十五尺，里边有佛、菩萨、天王像七十二尊。但是在公元845年，由于佛教和道教在宫廷里斗争的结果，道教获胜，当时的皇帝下诏毁坏全国所有的佛教寺院，并且强迫数以几十万计的僧尼还俗。这座弥勒大阁在建成后仅仅三十多年，就在这样一次宗教政治斗争中被毁坏了。这个皇帝死了以后，他的皇叔，一个虔诚的佛教徒登位了，立即下诏废除禁止佛教的命令，许多被毁的佛教寺院，又重新建立起来。

现存的佛光寺大殿，就是在这样的历史条件下重建的。但是它已经不是一座三层的大阁，而仅仅是一层的佛殿了。这个殿是在当时在长安的一个妇人为了纪念在三十年前被杀掉的一个太监而建造的。这个妇女和太监的名字都写在大殿大梁的下面和大殿面前的一座经幢上。

这些历史事实再一次说明宗教建筑也是和当时的政治经济的发展分不开的。在这一座建筑中，我们看到了从古代发展下来已经到了艺术上技术上高度成熟的一座木建筑。在这座建筑中，大量采用了中国传统的斗栱结构，充分发挥了这个结构部分的高度装饰性而取得了结构与装饰的统一。

在内部，所有的大梁都是微微栱起的，中国所称做月梁的形式。这样微微栱起的梁既符合力学荷载的要求，再加上些少的艺术加工，就呈现了极其优美柔和而有力的形式。在这座殿里，同时还保存下来第九世纪中叶的三十几尊佛像、同时期的墨迹以及一小幅的壁画，再加上佛殿建筑的本身，唐朝的四种艺术就集中在这一座佛寺中保存下来。应该说，它是中国建筑遗产中最可珍贵的无价之宝。

遗憾的是，佛光寺的组群已经不是唐朝第九世纪原来的组群了。现在在大殿后还存在着一座第六或第七世纪的六角小砖塔，大殿的前右方，在山坡较低的地方，还存在着一座十三世纪的文殊殿。此外，佛光寺仅存的其他少数建筑都是十九世纪以后重建的，都是些规模既小，质量也不高的房屋，都是和尚居住和杂用的房屋。现在中华人民共和国文化部已经公布佛光寺大殿作为中国古代木建筑中第一个国家保护的重要的文物。解放以来，人民政府已经对这座大殿进行了妥善的修缮。

按照年代的顺序来说，其次最古的木建筑就是北京正东约九十公里蓟县的独乐寺。在这个组群里现在还保存着两座建筑；前面是一座结构精巧的山门，山门之内就是一座高大巍峨的观音阁（第三图）。这两座建筑都是公元984年建造的。观音阁是一座外表上两层实际上三层的木结构。它是环绕着一尊高约十六米的十一面观音的泥塑像建造起来的。因此，二层和三

◎ 第三图：公元984年建造的蓟县独乐寺观音阁

层的楼板，中央部分都留出一个空井，让这尊高大的塑像，由地面层穿过上面两层，树立在当中。这样在第二层，瞻拜者就可以达到观音的下垂的右手的高度；到第三层，他们就可以站在菩萨胸部的高度，抬起头来瞻仰观音菩萨慈祥的面孔和举起的左手，令人感到这一尊巨像，尽管那样的大，可是十分亲切。同时从地面上通过两层的楼井向上看，观音的像又是那样高大雄伟。在这一点上，当时的匠师在处理瞻拜者和菩萨像的关系上，应该说是非常成功的。

在结构上，这座三层大阁灵巧地运用了中国传统木结构的方法，那就是木材框架结构的方法，把一层层的框架叠架上去。第一层的框架，运用它的斗栱，构成了下层的屋檐，中层的斗栱构成了上层的平座（挑台），上层的斗栱构成了整座建筑的上檐。在结构方法上，基本上就是把佛光寺大殿的框架三层重叠起来。在艺术风格上也保持了唐朝那一种雄厚的风格。

在十八世纪时，这个寺被当时的皇帝用做行宫，作为他长途旅行时休息之用。因此，原来的组群已经经过大规模的改建，所余的只是山门和观音阁两座古建筑了。

在中国现存较古的佛教寺院中，可以在河北正定隆兴寺和山西大同善化寺这两个组群中看到一些比较完整的形象。正定隆兴寺是公元971年开始建造的。由最前面的山门到最后面的大悲阁，原来一共有九座主要建筑。尽管今天其中已经有两座完全坍塌，主要的大悲阁也在严重损坏后，仅将残存部分重修保留下来,改变了原来的面貌;但是还能够把原来组群的布局相当完整地保存下来。

在这个组群中,大悲阁是最主要的建筑,阁内供养一尊巨大的千手观音铜立像。可惜原来环绕着这座铜像的阁本身已经毁坏得很厉害。大悲阁的左右两侧各有一楼,楼阁并列,在构图效果上形成了整个组群的最高峰。大悲阁前面庭院的左右两侧,各有一座小楼,其中一座是转轮藏,整座小楼的设计就是为一个转轮藏而构成的。到现在为止,这个转轮藏是中国现存唯一第十世纪的真正可以转动的佛经的书架。与大悲阁相对在轴线上是一个十八世纪建造的戒坛。戒坛的前面有一座平面正方形,每面突出一个抱厦,从而形成了极其优美丰富的屋顶轮廓线的摩尼殿。这一座殿是十一世纪建造的,是这个组群中除戒坛外年代最晚的一座建筑。摩尼殿前面的大觉六师殿和它前面左右侧的钟楼鼓楼则不幸在不知什么时候毁坏了。

山西大同善化寺是一个比较完整的辽金时代的组群,现在还保存着四座主要建筑和五座次要建筑;全部是由公元十一世纪中叶到十二世纪中叶这一个世纪之间建成的。这个组群规模不如正定隆兴寺那样深邃,但是庭院广阔,气魄雄伟,呈现很不相同的气氛。这两个组群虽然年代相距不远,但是隆兴寺是在汉族统治之下建造的,而善化寺所在的大同当时是在东北民族契丹、女真统治下的。这两个组群所呈现的迥然不同的气氛,一个深邃而比较细致,一个广阔而比较豪放,很可能在一

◎ 大同善化寺旧影

定程度上反映了当时南北不同民族的风格。

可以附带提到大同华严寺的薄伽教藏。它是原来规模宏大的华严寺组群遗留下来的两座建筑之一,虽然它是其中较小的一座,可是作为一座公元1038年建成的佛教图书馆,它有特殊重要的意义。靠着这座图书馆内部左右和后面墙壁,是一排"U"字形排列的制作精巧的藏经的书橱(壁藏)。这个书橱最下层是须弥座,中层是有门的书橱主体,上面做成所谓"天宫楼阁"。这个"天宫楼阁"可以说是当时木建筑的一个精美准确的模型。整座壁藏则是中国现存最古的书橱。

在山西洪赵县[1]的霍山,有两个蒙古统治时代建造的组群

---

1 洪洞与赵城已合并为洪赵县,广胜寺原在赵城县——梁注。

若繁若素:中国佛教、壁画中的古建 ‖ 233

广胜寺。这两个组群是一个寺院的两部分,一部分在山上叫做上寺,一部分在山下叫做下寺。上寺和下寺由于地形的不同而呈现不同的轮廓线。上寺位置在霍山最南端的尾峰上,利用南北向的山脊作为寺的轴线。因此轴线就不是一根直线而随着山脊略有曲折。在组群的最南端,也就是在山末最南端的一个小山峰上建造了一座高大的琉璃塔。尽管这座琉璃塔是十五世纪建成的,却为十四世纪的整个组群起了画龙点睛的作用。

下寺的规模比较小,可以说是上寺的附属组群。在这两个组群中,结构上大量地采用了元朝统治时代所常用的圆木作结构,并且用了巨大的斜昂,构成类似近代的桁架的结构。这种

◎ 广胜寺明应王殿

◎ 山西洪洞广胜寺

结构只在元朝统治时期短短的一百年间,昙花一现地使用过,在这以前和以后都没有看见。广胜寺原来藏有希世的珍本金版的藏经,在抗日战争期间,日本侵略者曾经企图抢劫这部藏经。当时为了保卫这部藏经,八路军部队在寺的附近和日本侵略军展开了激烈的战斗,胜利地为祖国人民保卫住了这部珍贵的文化遗产。

十四世纪末叶以后,那就是说明、清两朝的佛寺,现在在中国保存下来的很多,只能按照不同的地区和当时不同的要求,举几个典型。

首先是所谓敕建的寺院,亦即皇帝下命令所建造的寺院。

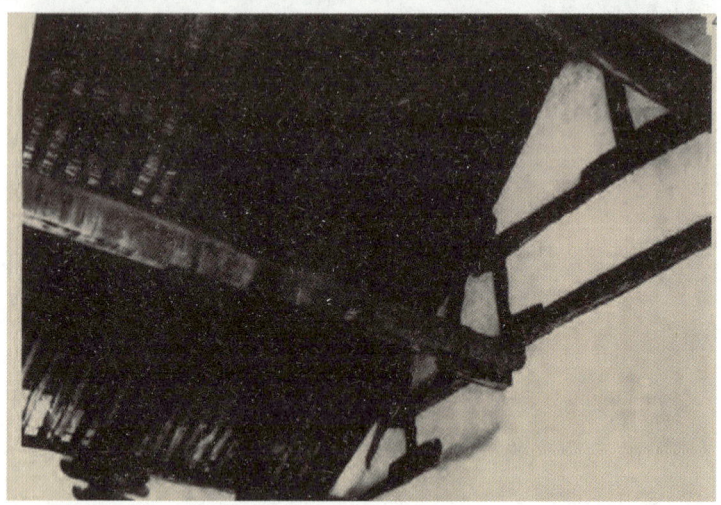

◎ 山西洪洞广胜寺下寺前殿及殿内梁架巨大斜昂

这种寺院一般地规模都很大，无论在什么地区，大多按照政府规定的规范（亦即北京的规范）设计建造。例如现在北京中国佛教协会所在的广济寺，就是一个很好的例子。这个寺位置在城市中心的热闹区，占用的土地面积在一定程度上受到限制，但是还是有完整的层层院落。山门面临热闹的大街，门内有一个广阔的可以停车马的前院。这种前院，在一个封建帝国的首都，是贵族和高级官吏、富有的商人，等等，特别是他们的眷属，到寺里烧香礼佛所必需的。面临前院和山门相对的是一座天王殿，殿内有四尊天王像；他们不仅是东西南北四面天的保卫者，并且是寺院的保卫者。在天王殿的前面，在前院的两侧是钟楼和鼓楼。每天按照寺院生活的日程按时鸣钟击鼓。

天王殿的后面，是寺内的主要建筑大雄宝殿。他的后面是圆通宝殿。前一座供奉的是三世佛，后一座供奉的是观音菩萨。最后是一座两层的藏经阁。在很长的一个时期内著名的佛牙就供奉在这座阁上。从天王殿一直到藏经阁的两旁是一系列的配殿和廊庑，把整个组群环绕起来，同时也把几个院落划分出来。由于地势比较局促，广济寺的庭院虽然不十分广阔，可是仍然开朗幽雅，十分适宜于修身养性，陶冶性灵。在这方面，建筑师的处理是十分成功的。在这个组群的右侧，另外还有几个院落，是方丈僧侣居住的地区，现在也是中国佛教协会会址所在。这个组群原来是十七世纪建造的，后来曾经部分烧毁，又经修复。在中华人民共和国成立以后，人民政府对广济寺又进行了一次大规模的重修,面貌已经焕然一新,成为中国佛教徒活动的主要中心了。

在北京郊外西山的碧云寺是敕建寺院的另一典型。由于自然环境不同,建筑处理的手法和市区佛寺的处理手法也就很不相同了。碧云寺所在的地点是北京西郊西山的一个风景点,这里有甘冽的泉水,有密茂的柏林,有起伏的山坡,有巉岩的山石。因此,碧云寺的殿堂、廊庑的布局就必须结合地形并且把这些泉水、岩石、树木组织到它的布局中来。沿着山坡在不同的高度上坐落一座座的殿堂以及不同标高的院落。在这个组群中可以突出地提到三点:一个是田字形的五百罗汉殿,这里边有五百座富有幽默感的罗汉像,把人带进了佛门那种自由自在的境界。

罗汉堂的田字形平面部署尽管是一个很规则的平面,可是给人带来了一种迂回曲折,难以捉摸,无意中会遗漏了一部分,或是不自觉地又会重游一趟的那一种错觉。另一个突出点,是组群的最高峰,汉白玉砌成金刚宝座塔。从远处望去,在密茂的丛林中,这座屹立的白石塔指出了寺的位置,把远处的游人或香客引导到山下山门所在,让人意外地发现呈现在眼前的这一座幽雅的佛寺。关于这座塔,在另一段中将比较详细地叙述,在这里就不必细谈了。另一个突出点,是以泉水为中心的庭园。在这里有明澈如镜的放生池,有涓涓流水,在密茂的松柏林下,可以消除任何人的一身火气,令人进入一个清凉的境界。总的说来,这个组群是在山林优美地区建造佛寺的一个典型。浙江杭州的灵隐寺,以及江西庐山很多著名的寺院,都有相同的效果。

中国南方地区,由于自然条件特别是气候原因,佛寺的建筑就和北方的特别是敕建的佛寺在部署上或是在风格上就有很大的区别。例如四川峨嵋山许多著名的寺院,都建造在坡度相当陡峭的山坡上。在这里气候比较温和而多雨,山上林木茂盛,因此我们所见到的是一个个沿着山坡一层比一层高,全部用木料建造的佛寺组群。由于天气比较温暖,所以寺庙的建筑就很少用雄厚的砖石墙而大量利用山上的木材作成板壁。院落本身也由于山地陡坡的限制而比较局促。但是,只要走出寺门,就是广阔无边的茂林,或是重叠起伏的山峦,或目极千里的远景,因此寺内局促的感觉也不妨碍着寺作为一个整体的开阔感了。峨嵋山下的报国寺、半山的万年寺、山顶的接引殿等都是属于这个类型。

在十四世纪末或十五世纪初,在中国佛寺的建筑中初次出现了发券的砖结构的殿堂,一般被称做无梁殿。例如山西太原永祚寺,山西五台山的显庆寺,江苏苏州的开元寺、南京的灵谷寺、宝华山等。这种的结构都是用一个纵主券和若干个横券相交,或是用若干个并列的横券而其间用若干次要的纵券相交贯通。这种发券的建筑在西方是很普通的,但在中国,虽然匠师们在建造陵墓和佛塔中已经运用了一千多年的发券,却是到十四、十五世纪之交才这样运用到地面可以居住或使用的结构上来。在外表形式的处理上，当时的工匠用砖模仿木结构的形式，砌出柱梁斗栱、檐椽，等等。这种做法本来是砖塔上所常用的，把它用到殿堂上来，可以说又创造了佛教殿堂的一个新的类型。在太原永祚寺，除了大雄宝殿之外，还和东西两配殿构成一个组群。一般说来，这种结构方法还是没有普遍地推广，实物还是比较少的。

有必要叙述一下清朝（1644—1911年）时期中修建的一些喇嘛寺，如北京的雍和宫，承德的"外八庙"等。

喇嘛教是在元朝统治时期（十三世纪后半和十四世纪）由西藏传入汉族地区的。清皇朝中，西藏和北京的中央政权的关系进一步的密切，西藏的统治者接受了中央政权封赐的达赖和班禅的称号。这种关系的进一步密切也在建筑上反映出来。在北京城的北面修建了东黄寺和西黄寺两个组群，东黄寺是达赖喇嘛到北京时的行宫，西黄寺则是给班禅喇嘛的。可惜在本世纪的前半，在反动统治和日本帝国主义侵略时期，这两个组群都被破坏无遗了。因此在北京，我们只能举雍和宫为例。

雍和宫是清朝第三代皇帝将他做王子时的王府施舍出来改建的，于1735年完成，是北京城内最大的喇嘛寺。庙前有巨大的广场和三个牌坊，山门以内中轴线上序列着六座主要建筑。这些建筑部是用传统的汉族手法建造的。其中法轮殿平面接近正方形，屋顶有三道平行的屋脊。中间的一脊较高，上面中央建一座"亭子",前后两脊较低,各建两座"亭子",形成了在下文将要叙述的金刚宝座塔的"五塔"形状,而这种塔却是在十五世纪由西藏传到北京的。

组群的最后一进是绥成殿。与左右并列的两阁各以飞桥相连。这种布局是中国建筑中比较罕见的。但其来源并不是西藏而是汉族的古老传统。

雍和宫最高大的建筑物是万福阁,阁内是一尊高达20米的弥勒佛像。

河北省承德是清朝皇帝避暑的地方,建有避暑山庄(离宫)。在避暑山庄的东北的丘陵地带,从1713年至1870年之间陆续建造了十一座大型喇嘛寺组群,其中八处至今还存在,称为"外八庙"。这些组群都建造在山坡上,背山面水,充分利用了地形,形成了丰富的轮廓线。在这些建筑中,有模仿新疆维吾尔族形式的,有完全西藏式的,也有以汉族形式为主而带有西藏风趣的。

上面只举出了少数突出的著名佛寺组群,但这并不意味着中国的佛教建筑仅仅就是这种大型佛寺,事实是,数以万计的佛寺,可能到十万以上的大大小小佛寺遍布全中国。大的如上所述,小的只有一个正殿两个配殿,和一般小住宅差不多。这些无数的佛寺中各有不同的地方风格,其中也有极优秀的作品。从佛寺的数字和分布上看来,也可以看到佛教对于中国人民生活的历史性影响。但在这里不能详细叙述了。

佛塔

在中国的佛教建筑中,佛塔是值得作为一个特殊的类型而加以阐述的。从笮融建造他的金盘重楼起,在将近两千年的长期间,凡是规模较大的寺院组群中,往往也包括一座或若干座塔。经过长期的发展,中国历代的匠师创造出许多不同的塔型,大量佛塔遍布全国,成为一份极其丰富的遗产。

前面已经说到,中国初期的佛塔都是木材建造的;但是由于木材本身容易焚毁,特别是佛塔本身的高度,再加上上面金属的塔刹,容易诱导落雷,所以木塔的寿命一般都是很短的。再加上香火失慎,或是战争的破坏,如何取得佛塔的永久性问题,早已受到古代的高僧信士和工匠们的注意了。

在公元520年,我们看到了对于这个问题的第一个答案,那就是河南嵩山嵩岳寺塔,中国现存最古的一座砖塔(第四图)。在它以前及和它同时的木塔,平面都是四方形的,并且是一层层地架叠上去的。这座塔却一反传统形式,平面作十二角形,在一座很高的塔基上,加上一座很高的塔身,再上去就是十四层很密的檐。这种形式是和过去三百年来传统的木结构形式毫无相似之处的。虽然没有文献可证,但是我们可以大胆肯定地说它是模仿印度的一些塔型的。从这座塔上的许多雕饰部分

◎ 第四图：公元520年建造的嵩山嵩岳寺砖塔

看，例如以莲瓣为柱头和柱础的八角柱，以狮子为主题做成的佛龛，火焰形的券面等，印度的装饰母题是非常明显的。但是更重要的是它创造了一座不怕雷火的永久性的佛塔。虽然在这以前五百年间，砖已经被相当普遍地用在建筑上，但是像这座塔这样全部用砖结构而且达到将近四十公尺的高度，它所反映的不仅仅是古代匠师在用砖的技术上极大的提高，而且反映砖的生产极大的发展。从这座塔上我们看到社会生活需要和思想意识提出的要求，就向建筑提出了新的课题。当生产力和匠师的技术达到一定水平的时候，就可以产生新的方法和形式来满足这种要求。在结构上，这座佛塔由顶到底内部是空的，是像今天我们砌一座烟囱那样砌上去的。内部的楼板和扶梯都是用木头建造的。从这一现象看，说明当时的匠师在技术上还受到了一定的局限。从艺术方面看，这座砖塔的轮廓线是异常优美流畅的。这条轮廓线正是几何学上的抛物线形。这不仅说明当时的匠师已经掌握了高水平的几何知识，而且在建造过程中能够准确地把它砌出来。从佛塔的发展史看来，嵩山嵩岳寺塔，如同佛光寺大雄宝殿在木结构的殿堂中那样，是一件最珍贵的遗产。

从这个时候起，以后将近五百年的期间是一个木塔和砖塔并存的时期。例如北魏的洛阳、唐的长安，所有数量众多的塔，绝大部分都是木材建造的，但是砖塔的数量的比重在这五百年间，就逐渐增加，到了公元第十世纪以后，木塔就成为极其希罕的东西了。

伟大的唐朝（618—906年）给后代留下了相当数量的砖塔。在这些砖塔之中，有两种主要的类型：一种是像古代的木塔那样一层一层垒上去的，我们可以叫这一种做"多层塔"；另一种是像嵩岳寺塔那样，在一个高大的塔身上承托着多层密檐的，我们可以叫这一种做"密檐塔"。此外，还有一种次要的塔型，那就是作为和尚坟墓的单层的墓塔。令人注意的是，所有唐代的塔，除了一个例外，平面全部是正方形的。嵩岳寺塔十二角形的平面，在以后两千年间再也没有再出现了。我们可以推测，这种四方形的平面是佛塔由诞生到成熟成型的发展过程中，广大的善男信女在概念上已经接受了四方形的多层木塔作为塔的标准形式。因此佛塔的平面必须是四方的，否则它就不像一个塔了。而且在塔的表面处理上也必须把木结构的柱梁、斗栱表现出来，因此唐朝的多层砖塔例如西安的大雁塔（公元701—704年）、香积寺塔（681年）、兴教寺玄奘塔（669年）等都属于这个类型。显然，由于砖的材料本身以及用砖技术的限制，斗栱和檐椽部分是大大地简化了。

另一类型，密檐塔在唐代也采用正方形的平面。这种塔一般的不用柱梁斗栱等表面装饰，完全以它们的轮廓线取得艺术效果。其中杰出的例子，有嵩山永泰寺和法王寺的两座塔，虽然准确年代无可考，但都是第八世纪的东西。这一塔型在中国相当普遍，远到西南云南的昆明、大理也有唐代的密檐砖塔。

例如昆明的慧光寺塔，大理的崇圣寺塔，都是杰出的例子。但是最重要的应该说是西安荐福寺的小雁塔。它和慈恩寺的多层的大雁塔，已经成为西安城市轮廓线的不可缺少的构成因素了。

在唐代诸塔之中，我们应该特别提到慈恩寺大雁塔。它是唐代高僧玄奘法师从印度回到中国以后，在翻译他由印度带回的经卷的时候，特别建造起来的为保存印度带来的梵文原本用的，因此这座塔在中国的佛教史中就有特殊意义。

在所有这些塔中，内部的楼板扶梯也同前一个时代一样，是用木材建造的。显然这已经成了一个问题，到了十世纪以后才得到了解决。在唐代的砖塔中，还有为数众多的高僧墓塔，除了极少数如玄奘塔那样是多层塔以外，全部都是单层正方形的小塔，其中许多是用石料建造的。例如山东长清灵岩寺的慧崇塔（第七世纪前半建造的）就是一个典型的例子。这种塔一般有两层重檐，顶上有砖或石制的刹，高度一般不超过四或五公尺。但是在唐代墓塔中，有一个孤例，那就是嵩山会善寺的净藏塔（745年）。它的平面是八角形的；表面上用砖砌出柱梁斗栱和门窗等。这座单层的小小的八角形砖塔，可以被认为是后来八角塔的始祖。

第十世纪中叶以后，砖塔已经成为绝大多数，木塔已经寥若晨星了。从这时候起，在佛塔的形式上和结构上都发生了巨大的变化。二百年以前在净藏塔上一度出现的八角形平面，到这时候,突然变成了佛塔的标准平面形式了。这个平面形式的突然改变,原因何在,中国的佛教史家和建筑史家还没有找着令人满意的解释。这一现象是很值得研究的。在技术上,五百年来木楼板、木扶梯的问题也得到了解决。宋朝以后的塔再不是像烟囱那样砌上去了,而是在塔的内部用各种角度和相互交错的筒形券的方法,把内部的楼梯、楼板,塔内的龛室等同时砌成一个整体,消灭了过去五百年来外部用砖结构,内部用木结构的缺点。塔身更加坚固了。

第十世纪中叶以后,更发展出丰富多彩的佛塔类型;虽然基本上还是以多层塔和密檐塔两个类型为主,但是不同的地区还创造出不同的地方风格。而且兄弟民族对于塔的类型的创造也有不少的贡献。

在黄河、淮河流域,当时属于汉族的宋朝统治的地区,主要的是八角形的多层塔。这些塔一般地都没有模仿木结构的雕饰,仅有少数砌出斗栱模样。例如山东长清灵岩寺辟支塔,位置在泰山北部的风景区。虽然用斗栱承托塔檐,也用斗栱承托平座,但总的说起来,模仿木结构的部分仅此而已。这座塔的准确年代无可考,从形式上判断应当是十世纪末或是十一世纪初的建筑。

另一个例子是河北定县开元寺的砖塔,平面也是八角形,高十一层。它的内部如同灵岩寺塔一样,都是用筒形券把楼梯、走廊、龛室砌出来的。这座塔建于公元1055年,是这时

 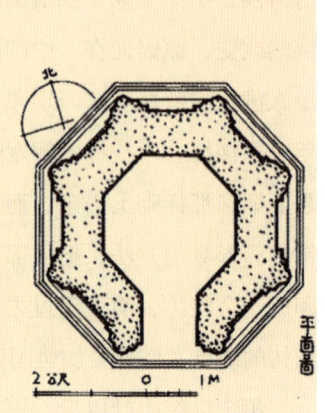

◎ 河南登封会善寺净藏禅师塔及平面图

期华北广大地区最典型的塔型。这座佛塔建造的动机是很有趣的。当时的定县正在汉人的宋地区和契丹人的辽地区的分界线上,多年来宋辽都在进行着继续不断或断而复起的战争。因此宋朝的汉族军官就利用开元寺建造了这样一座国境线上的佛塔,作为瞭望敌军形势的瞭望台。因此到今天当地的居民还叫这座塔做"料敌塔"。

与料敌塔约略同时的河南开封祐国寺塔(1041—1048年),从建筑材料的发展上说,具有一定的历史地位。在这座瘦而高的十三层砖塔上,全部使用琉璃面砖。这些面砖一共有二十八种标准块。运用这些标准面砖可以砌出墙面、门窗、柱梁斗栱等等。这在材料技术方面在当时是一个伟大的创造。这些面砖

左：山东长清灵岩寺辟支塔11世纪晚期，中：河北定县开元寺料敌塔1001年，右：料敌塔东北侧

是深赭色的，呈现铁锈的颜色，因此这座塔一般被叫做"铁塔"。当然，这种面砖不是突然出现的，在这样运用以前，必然曾经经过相当的发展过程。

在开封的繁塔（977年）上我们已经看到一座用标准面砖处理塔面装饰的砖塔。虽然在这里只用了一种模子压出佛像的面砖和做"花边"用的面砖。然而我们已经看到用标准面砖来处理砖塔外形的开始了。在这里应该附带指出，繁塔的平面是六角形的，是在八角形平面发展的同时一种派生的类型。河南济源延庆寺塔（1036年）也属于这一类型。

与此同时，在长江流域，虽然同样在汉族统治之下，虽然佛塔的平面也都已经改用八角形，并且也是多层塔的形式，但是风格却迥然不同。在这一地区，特别是在长江下游一带，砖石塔在材料和结构方法的许可下，尽量地模仿木结构的形式。最早的例子，我们可以举杭州灵隐寺大雄宝殿前的所谓双塔。这对塔事实上是用石料雕出来的塔的模型，高九层，实际高度不过十米左右。这一对塔是公元960年建造的。塔身的八个角上都刻出圆柱，上面刻出梁、斗栱、檐、瓦等等，完全和木结构的形式一样，这是这个地区这一塔型最早的例子。

◎ 苏州罗汉院双塔

这一类型的塔,在长江下游还保存着不少。它们都是用砖砌成的,内部也用砖砌出楼梯、走廊、龛室等。无论外部内部墙面的处理,都用砖砌出木结构的形式;不过屋檐椽和平座部分往往也掺杂用些木料。砖砌部分全部抹灰,用彩色粉刷,给人的印象几乎同木结构没有差别。但是由于檐椽是木结构的,因此后代大多损坏。这种塔最典型的例子,就是苏州虎丘云岩寺塔。它的损坏后的形象也是最典型的。

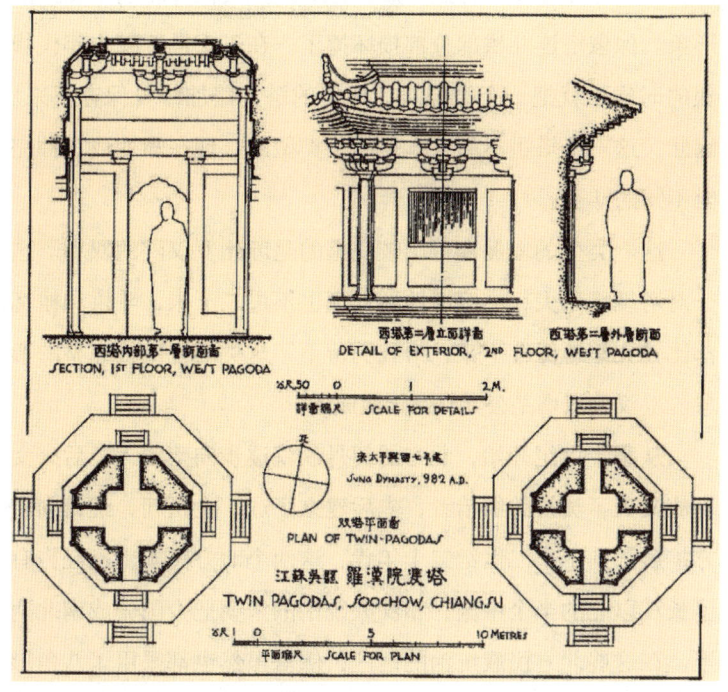

◎ 苏州罗汉院双塔平断面及详图

苏州报恩寺塔、杭州六和塔和保俶塔都属于这一类型。但由于后代修理方法不同,就呈现了完全不同的三种形象。报恩寺塔是用后代(清朝)造檐的方式把檐补上的。因此可以说它最接近塔的原型,但是檐角飞翘比十世纪的制度翘得更高,所以乍看的形象是十七、八世纪的风格多于十世纪的风格。六和塔本来是一座七层塔,在十九世纪末年,当时的善男信女,在原塔身之外给它罩上了一层木结构的外衣,便做成十三层的模样。因此它就呈现一种肥而矮,但处理上又很纤弱的不和谐的形象。保俶塔连斗栱部分都损坏掉了。在二十世纪二十年代修理的时候,就把一个类似八角柱型的塔身略加修补保存下来。因此,这三个塔虽然原来本是同一类型的,现在却变成三种完全不同的样子。

这一类型的塔保存得比较完整的是苏州罗汉院的双塔。这一对塔规模不大,高度由地到刹顶也不过二十米,斗栱和檐瓦都比较完整地保存下来,给我们留下了这类塔型比较完整的形象。罗汉院双塔是公元982年建成的。

从第十世纪开始,北方的契丹族就逐步向南侵入,后来女真族又灭了契丹的统治者,先后建立了辽、金两朝,继续向南方扩展。到了十二世纪二十年代,这两个北方民族就已经占有了长江以北的半个中国,和汉族统治的宋朝把中国分成南北两半。在这些北方民族统治的地区,佛塔虽然也都采用了八角形平面,但风格又和南方的塔很不相同。

在这里有必要特别叙述一下中国现存的一座唯一的木塔（第五图）。山西应县佛宫寺释迦塔，是1056年建造的，由地面到刹尖高66公尺。塔高五层，加上上面四层每层下面的平座暗层，实际上是一座九层累架的木框架结构，全部用传统的柱、梁、斗栱层层叠上而建成的。除了塔基和第一层的墙壁是用砖石以及顶上的刹是锻铁之外，全部都是木材。每一层的檐和平座都由斗栱承托。由下而上，由于每层的高度逐减，每层的宽度也逐渐收缩，特别是由于八角形的平面，为内部梁尾的交叉点造成相当复杂的结构问题。但是十一世纪中叶的伟大的不知名建筑师却运用了五十多种不同的斗栱圆满地解决了这一复杂问题。后代的香客献给这座塔的一块匾上写着"鬼斧神工"四个字来歌颂这座神妙的结构是丝毫没有夸大的。

◎ 第五图　公元1056年建造的应县佛宫寺释迦木塔

◎ 山西应县佛宫寺释迦塔

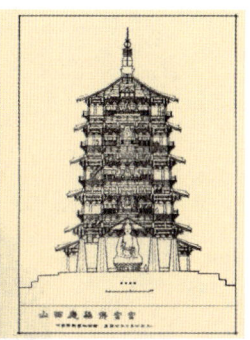

在九百年的长期间，这座金属刹木结构的佛塔竟得幸免于雷电的破坏，一直保存到今天。它的木结构的稳固性是经过长时间考验的。在国民党反动统治时期的一次内战中，和在抗日期间，这座塔曾经受到一些轻微的损害。但在人民政府成立以后，这座塔立即受到保护。除了加固修缮外，并设置了避雷设施。它将作为中国匠师在木结构上辉煌成就的典范，在今后若干世纪内，屹立在这个山西北部的平原上。

除了这个唯一的木塔之外，这时期中国北方保存到今天的佛塔也全部是砖造的。1090年前后建造的河北涿县双塔，是模仿应县木塔的形式的砖塔。这两座塔外表的处理上全部用砖砌出柱、梁、斗栱、檐、椽，但是由于材料本身的限制，出檐

◎ 山西应县佛宫寺释迦塔塔刹

就比较短促，整个轮廓线就是一个砖结构形式。此外，塔上每层八面中的四面所开的门是券门，因此，尽管它们是模仿木结构的，但是没有失去砖结构的特征。从应县木塔和涿县双塔的对比来看，我们可以明显地看到建筑材料对于建筑形式的影响。但另一方面也看到，材料的影响却没有影响到木塔和砖塔的共同风格。

在这时期，从现在河北省中部以北一直到辽宁、热河等地区出现了一个新的塔型，那就是平面八角形，忠实地模仿木结构的密檐塔。上面已经提到，中国现存最古的砖塔就是嵩山嵩岳寺第六世纪前半的密檐塔。在唐代，密檐塔采用了四方形的平面，它们都是用叠涩出檐的。并且在唐代塔身上也没有砌出木结构的形式。但到了第十世纪，在这个契丹族统治的地区，匠师们却在八角平面上用木结构的柱梁和斗栱处理了塔身的外表；上面一层层的密檐，也全部用砖砌的斗栱承托，创造了一个崭新的塔型。

1083年建造的北京天宁寺塔就是其中一个最杰出的典范。令人注意的事实是，在河北省中部以南，在这时期，在广大的中国土地上，在汉族统治的地区，并没有这种塔型。而在北方在契丹族统治地区却为数甚多。我们从这一现象可以得出结论说，这一塔型是契丹族对于中国建筑的一个伟大贡献。同样地，像涿县双塔那种形式的仿木结构多层塔也应该说是在契丹族统治下的匠师们的重要贡献。

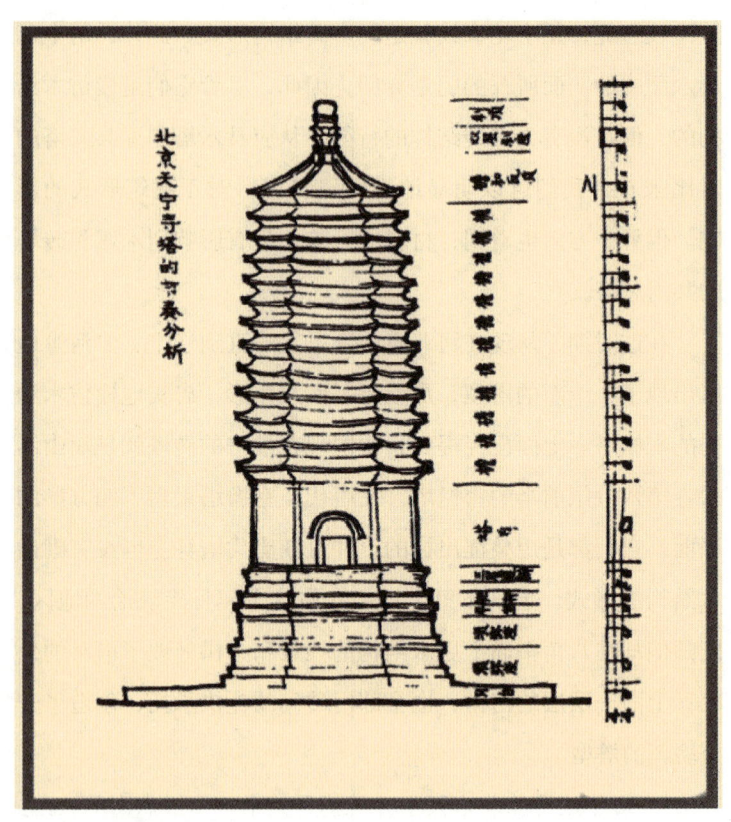

◎ 北京天宁寺塔的节奏分析

涿县双塔的类型在后代建造不多，但是天宁寺塔的类型却成为后代中国北部塔型中一个最常见的样式。

此外，我们还有必要转回到更南方在汉族统治下的福建和四川看几个比较少见的例子。在福建泉州市的一双石塔，是在公元十三世纪三四十年代建造的。它们都是八角五层的塔，全部用石料构成，但是在石料的使用上不是传统的运用压砌的方法，而是把石料完全当做木材处理，用石头的柱、梁、斗栱、檐、椽等构成一座塔。按照近代技术科学对于材料力学的理解，这种结构是极不合理的。值得我们惊讶的是，七百年来，这两座塔依然屹立无恙，这是工程界一个罕见的现象。

此外，在四川宜宾县的白塔（公元1102—1109年）和洛阳的白马寺塔（公元十二世纪后半），是两座保存了唐朝风格的正方形密檐砖塔。

从第十到十三世纪末年之间，中国的佛塔已经演变、发展、创造出许许多多的类型。虽然基本上还是属于多层和密

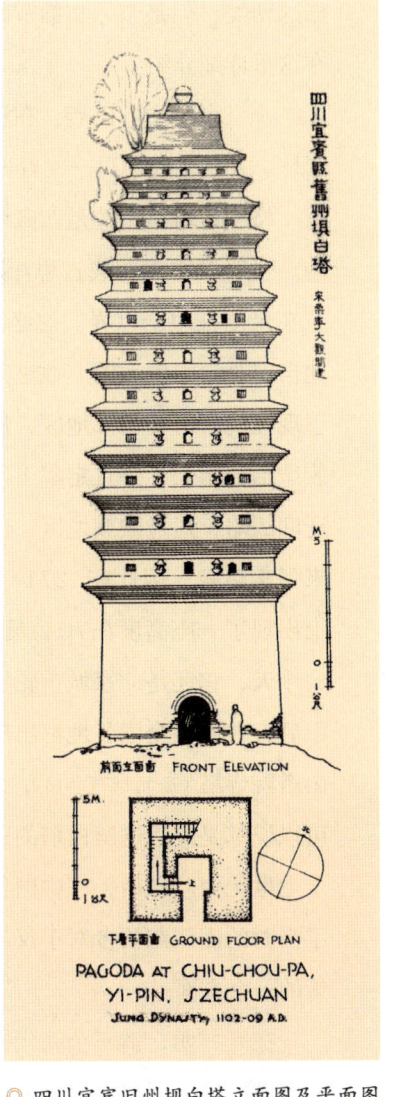

◎ 四川宜宾旧州坝白塔立面图及平面图

檐这两类,但是整体和细节的处理却是十分多样化的,不可能在这里详细介绍了。

十三世纪中叶以后,在汉族居住的地区出现了西藏式的瓶形塔。在这里我们再一次看见了少数民族中国文化的贡献。

特别值得指出的是西藏塔型是由蒙古族介绍到汉族地区来的。当时蒙古族在成吉思汗以及他的孙子忽必烈汗的领导下,正在企图征服全世界。忽必烈是一个伟大的战略家和政治家,他自己是崇奉佛教的。他进兵到长江以北,然后从西北部征服了现在的青海和昌都地区,然后沿着长江东下,最后消灭了汉族统治的南宋,并且定都于现在的北京,命名为大都。他这种迂回战略,通过藏族地区,也就带来了藏族的文化和匠师,带来了喇嘛教,因此在1271年在北京城里,在一座辽塔的旧基上出现了一座高度在70公尺以上的西藏瓶形塔(第六图)。一直到今天,它还是北京城市轮廓线上一个极其突出的标志。从此以后,在中国全国各地都出现了这一类型的塔。例如山西五台山塔院寺塔(公元1577年建),北京北海公园白塔(公元1651年建)。可以说都是北京这座白塔的子孙。这类塔型到了清朝,那就是十七世纪中叶以后,在中国各地出现的更多,在这方面也反映了当时的满族统治者对于汉族、蒙古族、藏族等民族的民族政策的一个方面。

在元、明、清三个朝代中,在全国各地新建了无数的佛寺和佛塔。中国现存的佛塔大部分是属于这个时期的。在传统的

◎ 第六图：公元1271年建造的北京妙应寺白塔

塔型方面，一般地说来没有什么特殊地创造，绝大部分的塔都属于多层塔这一类型。在这五百多年之间，木结构建筑的斗栱比例和屋檐的深度都相对的缩小了，木结构的这种倾向也在砖塔上反映出来。因此，在这个时期从比例上说，塔身的每一层和斗栱塔檐对比就显得高些；反过来斗栱塔檐就显得像塔身上一围围纤细的环带，在总的轮廓线上和十四世纪以前的塔，有很大的区别。例如山西太原永祚寺的双塔（十六世纪末期）就是典型的例子（第七图）。此外，北京玉泉山塔（十八世纪）也是一个典范。

◎ 山西五台山塔院寺塔（左）和北京北海公园白塔（右）

◎ 第七图：公元十六世纪末期建造的太原永祚寺双塔

在八角密檐塔方面，虽然这期间建造的也为数不少，但大多数是不很大的高僧的墓塔。重要的例子只有一个，那就是北京八里庄慈寿寺塔。这个塔是公元1578年建成的。在形式上它完全模仿第十世纪末年的天宁寺塔；但是从建筑处理的细节上看却完全用的是明朝的制度。

山西洪赵县广胜寺的飞虹塔，值得作为一个突出的范例提出。前面我们已经提到河南开封第十世纪中叶的全部用赭色琉璃面砖的所谓铁塔。在这里我们第一次看见了一座在砖塔上大量镶

◎ 北京八里庄慈寿寺塔

砌彩色琉璃面砖作为建筑装饰的佛塔。这座八角形的塔共高十三层，高度在40米以上。每层塔身的柱、梁、斗栱、檐、椽等等都用琉璃砖瓦嵌砌。砖墙壁上也镶嵌了大量的琉璃佛像和装饰花纹，外观至为华丽。塔的轮廓线不是像其他的塔向上每层逐渐增加缩小的尺度而呈现曲线型，而是直线的，因此呈现一个八角锥体型，显得有一点生硬。塔内最下层供极大的释迦坐像一尊，以上各层事实上是实心的，但内部有梯可达塔的上部。这座塔是在1417年兴建的，但琉璃面砖上多有1515年的标志。由此看来，

◎ 山西洪洞广胜寺飞虹塔及其阶梯断面图，建于1515年

这座塔由动工到完成可能经历了一个世纪的时间。

现在在北京颐和园、玉泉山和香山一带还有几座清朝（大约属于十八世纪）的琉璃塔。在使用琉璃方面就不是和砖壁并用，而是全部用琉璃的。其中颐和园和玉泉山的塔，都是很小的，只能说是一座大塔的模型。

在十五世纪后半，在中国的土地上又出现了一种新的塔型。这是藏族人民对于中国建筑的又一个重要贡献。

在十五世纪前半，西藏喇嘛班迪达来到北京，贡献了一尊金佛像。当时的皇帝为它建了一个寺。到1473年，皇帝下诏在寺内按照中印度的形式建了一座金刚宝座塔。在一个长方形的高台上，建立五座塔。这五座塔是采用正方形平面的密檐塔。我们推测，这座塔是模仿佛陀伽耶的部署而设计的。

在云南昆明妙湛寺也有一座金刚宝座塔，比北京的这一座略早十年，从年代上说是中国现存最早的一座金刚宝座塔。昆明的这座塔比北京的这座规模小得多，上面的五个塔都是西藏式的瓶形塔。从昆明这座塔上也可以看到这一塔型传入中国的来龙去脉了。

现存最大的一座金刚宝座塔在北京西山碧云寺，在上文已经提到。碧云寺塔上面不是五座而是七座塔，其中五座是密檐塔，两座是喇嘛式的瓶形塔，是1747年建成的。在1929年这座塔被改用为中国民族革命的先行者孙中山博士衣冠冢。

在清朝统治期间，这一类型的塔还在许多地方建造起来。

其中还应该提到北京黄寺的金刚宝座塔,是班禅三世的墓塔(1779年入寂),全部是用白色大理石砌成的。雕刻异常精美。由于金色宝顶和它下面垂下两片巨大的塔耳,因此呈现了非常特殊的形象。形成了它独有的风格。值得指出的是,在这一宝座上,正中主塔是一座喇嘛式瓶形塔,而四角的小塔却采用汉族传统的八角塔的形式,在比例上也相对地显得很小,从而更突出了主塔的重要性。

在这五百多年期间,在中国的土地上,还出现了另外一种塔,在形式上和佛塔没有区别,但它是一种非宗教的塔,也可以说是一种儒教的塔——假使我们也可以说儒教是一种宗教

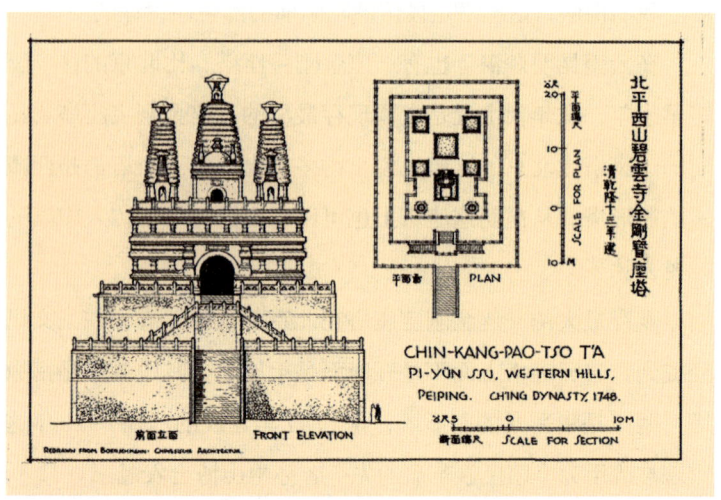

◎ 北京碧云寺金刚宝座塔平面及立面图

的话。它是在过去科举时代为了祈求本地的文人能够在国家考试中及第,作为一种能够发生巫术力量的纪念性建筑物而建造的。这种塔虽然不是佛教塔,但作为一个类型,它是以佛塔为蓝本而建造的。从这里也可以看到佛教以及佛教建筑对于中国人民生活的影响。

到了十九世纪以后,中国建造的佛塔是越来越少了。然而在1960年,在中华人民共和国成立了十年以后,在人民中国首都附近的西山灵光寺,又建起了一座新的佛塔(第八图)。这座佛塔是由人民政府为了佛教徒们供奉著名的佛牙而建造的。在这里有必要追述一下这座塔的前身的命运。在灵光寺西面原来有一座辽朝建造的砖塔(第九图),但在1900年英、法、德、意、奥、俄、日、美八个帝国主义的侵略联军占领了当时大清帝国的首都北京,那座十一世纪的塔被毁坏了。残破的塔基在这个北京近郊的风景区供人凭吊,历六十年之久。现在全中国的佛教徒以无比兴奋的心情看到了这座新塔的涌现。塔的位置,距离残留的塔基约一百米,在形式上虽然还是参照原塔的形象,但是新中国的建筑师在佛教徒的建议下,采用了近代的钢筋混凝土结构,建成这座八角十三层,高51米的密檐塔。在内部空间的利用和文物的保存方法上都有了新的创造,是在传统的基础上革新、创造的一个很好的典型。塔顶上金光灿烂的塔刹是按照1957年赵朴初居士从锡兰得到的一座小铜塔的形式塑造的。在这座塔上体现了在中国共产党和人民政府的领导

◎ 第八图：公元1960年建造的北京佛牙舍利塔　　◎ 第九图：公元十一世纪建造的北京灵光寺西面的砖塔

下伟大的信仰自由的宗教政策。它将作为一个辉煌灿烂的标志在今后几十个世纪中屹立在北京近郊的这个风景区里。可以附带提到，旧塔的残基也由人民政府很好地保存下来作为历史中两个时代的鲜明对比。

佛教建筑是我们一份珍贵的文化遗产

在中国人民过去两千年的历史中，佛教在他们的生活中发生了巨大的影响。在思想意识方面，许多佛教教义已经成为传统的中国哲学的一部分。在语言、文字、诗词、绘画、雕刻和日用工艺品中，到处都可以看到佛教的影响。这一深刻的广泛的影响更具体地从建筑中表现出来。从建筑的历史观点说来，我们应该感谢佛教给中国的建筑带来了一个新的类型。虽然说最早的佛寺是按照世俗建筑的形式，或者就是用世俗原有的建筑来满足佛教的宗教生活的需要的。但是反过来佛教建筑又给中国的世俗建筑提供了一些新的部署和处理方法。在两千年的发展过程中，佛教建筑和世俗建筑彼此影响，也促进了中国建筑的发展。另一方面，佛教建筑的出现，在古代的城市中，在很大的程度上改变了当时的城市面貌，丰富了当时人民的生活。在这一点上，不仅城市如此，在广大的中国土地上，在山林深处，在河流岸边乃至在广阔的原野上，佛寺不但丰富了中国的风景，不但给信徒提供了修养的环境，也给广大人民从文学家、诗人、画家，一直到简朴善良的农民，提供了幽雅的休息地方。佛教对于中国文化的贡献是巨大的。上面所提到的塔、寺更是一份丰富多彩极其可贵的遗产。像一颗颗灿烂宝石一样，它们点缀着中国的锦绣河山，无论在铁路上、公路上、水路上，我们都可以不时地看见处处突出的一个塔尖和在下面衬托着它的寺院殿堂，或是近处巍峨的高耸云霄的塔影。这些已经成为中国风景轮廓线上一个最突出的特征了。

　　在我们日常生活所用的家具、装饰等等小品中，我们也可以看到，由于佛教传入中国而带来的许多装饰纹样。

进入十九世纪以后，新建佛寺的活动就越来越少了，反映着佛教在中国已经逐渐衰退，原有的寺院已足够为数还是不少的佛教徒的宗教生活的要求。但是不少的寺院也逐渐颓坯或被破坏了。1949年中华人民共和国成立以后，人民政府坚决贯彻了中国共产党的宗教政策和民族政策，使宗教信仰自由得到了真正的保证；一个多世纪以来失修的寺塔，也由人民政府选择其中为佛教徒的宗教生活所需要的以及具有重大文化、历史、艺术价值的寺塔，予以史无前例的科学的、慎重的重修，使它们作为民族的珍贵遗产长久地屹立在人民自己的土地上。

今天中国人民正在建造他们新的城市和农村。中国的建筑师们得到了史无前例地发展他们的才能的机会，新的材料技术给他们提供了在创作上更大的可能性。他们在运用新材料、新技术的时候绝不会忘记一个民族的新建筑，作为一个民族文化的一部分，必须是从他们的旧文化、旧建筑的基础上发展而来的。在这个旧建筑的珍贵传统中，佛教以及佛教建筑也有很大的一份贡献。